"心梦飞扬"丛书

独一无二的我

丛书主编　郭喜青　程忠智
本册主编　卢元娟

心理健康
悦纳自我　人际交往　情绪管理　学习方法　生涯规划

中原出版传媒集团
中原传媒股份公司

大象出版社
·郑州·

图书在版编目(CIP)数据

独一无二的我/卢元娟主编.— 郑州：大象出版社，2019.5
("心梦飞扬"丛书/郭喜青，程忠智主编)
ISBN 978-7-5347-9619-7

Ⅰ.①独… Ⅱ.①卢… Ⅲ.①个性心理学—青少年读物 Ⅳ.①B848-49

中国版本图书馆 CIP 数据核字(2018)第 280614 号

"心梦飞扬"丛书

独一无二的我

丛 书 主 编	郭喜青　程忠智
本 册 主 编	卢元娟
本册副主编	陈文凤
本 册 编 者	陈文凤　丁媛慧　李春花　卢元娟　杨　靖

出 版 人	王刘纯
责任编辑	张　阳
责任校对	张英方　万冬辉
装帧设计	刘　民

出版发行	大象出版社(郑州市郑东新区祥盛街27号　邮政编码450016)
	发行科　0371-63863551　总编室　0371-65597936
网　　址	www.daxiang.cn
印　　刷	河南新华印刷集团有限公司
经　　销	各地新华书店经销
开　　本	787mm×1092mm　1/16
印　　张	11.25
字　　数	154 千字
版　　次	2019年5月第1版　2019年5月第1次印刷
定　　价	39.00 元

若发现印、装质量问题，影响阅读，请与承印厂联系调换。
印厂地址　郑州市经五路12号
邮政编码　450002　　电话　0371-65957865

"心梦飞扬"丛书编委会
北京市中小学心理健康教育名师发展研究室组织编写

主任： 谢春风

主编： 郭喜青　程忠智

委员：（按拼音顺序排列）

陈文凤　程忠智　邓　利　丁媛慧　董义芹　郭喜青
韩沁彤　黄菁莉　姜　英　康菁菁　李春花　刘海娜
刘秀华　刘亚宁　柳铭心　卢元娟　秦　杰　石　影
田光华　田　彤　王　琳　王　青　王园园　信　欣
杨　靖　于姗姗　张　丽　庄春妹

总 序

习近平总书记说:"孩子们成长得更好,是我们最大的心愿。"帮助少年儿童踏上健康、快乐、幸福的人生道路,需要我们做好各方面的工作,心理健康教育就是其中一项重要的工作。

少年儿童在成长过程中会有许多心理上的困惑需要弄清楚、解决好,这套"心梦飞扬"丛书就是以服务少年儿童身心健康成长为根本宗旨而组织编写的。丛书依据中小学心理健康教育的五个主要板块进行分册,各有侧重、层层递进,帮助少年儿童构建身心健康成长的自我认知、体验、升华的策略系统:《独一无二的我》引导少年儿童客观认识自己的优缺点,明确自己的兴趣和优势,悦纳自我,建立自信;《要想常有鱼 必须学会渔》引导少年儿童重视学习方法,在真实问题情境中学会运用各种策略解决问题;《沟通无界限 朋友遍天下》引导少年儿童理解友谊真谛、珍惜师生情谊、感恩父母亲情,获得良好的同伴交往、师生交往、亲子交往体验;《七彩心情 快乐由我》引导少年儿童了解情绪变化的秘密,学会强化积极情绪,弱化、调节消极情绪,从而成为自身情绪变化的主宰者;《画好属于你的那道彩虹》引导少年儿童认识生命的美好,学会设计生涯规划,用聪明才智画好属于自己的那道人生彩虹,从而成就自己、温暖别人、服务社会。

本丛书的主编郭喜青和程忠智是全国著名的心理健康教育专家,他们在中小学心理健康教育领域有很多研究成果,成就卓然;丛书的编写者均是具有较深厚专业功底的中小学心理健康教育研究者和实践者,他们熟知少年儿童身心健康发展的特点、规律和成长需求,具有协助中小学生解决各种心理问题的知识和经验,能准确把握问题的关键点,解答简洁、清晰、专业,启发性强。因此,本丛书基于实践,又服务实践、引导实践,既适合少年儿童阅读,也适合广大中小学教师和家长阅读。特别要说明的是，本丛书是为数不多的适合中小学生自主阅读、学习、体验、省思的心理健康教育辅导读物，有利于中小学生通过自我心理健康教育体验，形成符合现代社会要求的积极而健全的人格，实现自我健康成长和全面发展。

当然，世界在快速发展变化中，人类的心理问题层出不穷，很难找到一种万全之法去解决各种各样的问题。但只要我们努力，总能取得进步。其实，我国传统文化中就蕴含许多关于生命、关于心理健康的大道智慧，如《黄帝内经》中"人以天地之气生，四时之法成""生之本，本于阴阳""阴平阳秘，精神乃治；阴阳离决，精气乃绝"的天人合一、阴阳和气思想，《大学》中"物格而后知至，知至而后意诚，意诚而后心正，心正而后身修，身修而后家齐，家齐而后国治，国治而后天下平"的格物致知、修德立身思想，《论语》中"君子成人之美，不成人之恶""入则孝，出则悌，谨而信，泛爱众，而亲仁"的与人为善、仁爱诚信思想，等等，都是心理健康教育思想的精华。我国中小学生的心理健康教育，要从世界科学发展中汲取新成就，更要从中华优秀传统文化中汲取大智慧和正能量。期待郭喜青、程忠智老师主编的"心梦飞扬"丛书，能在丰富、完善和提高中，进一步拓展更多少年儿童健康发展的心路！

谢春风
2018 年 12 月于北京

目录

天生我材 ... 001
气质大探秘 ... 002
性格万花筒 ... 019
能力面面观 ... 037

隐形的翅膀 ... 055
动机充电桩 ... 056
兴趣集装箱 ... 072
梦想加油站 ... 096
意志强心剂 ... 110

自我悦纳 127
我的青春期 128
失落的一角 143
真我的风采 156

参考文献 171

天生我材

每个生命都是与众不同的，都有其存在的独特价值。小小水滴可汇成广袤大海，点点繁星能照亮深邃宇宙，片片绿叶组成繁茂森林……每颗种子都会破土，每朵花都会绽放，每个人都能成才。

有的人热情奔放，有的人敏捷活跃，有的人沉稳内敛，有的人敏感羞涩，这些都是与生俱来的气质。有的人善做决断、率性而为，但缺乏耐心；有的人行动务实、计划周密，但不够灵活。这些性格的关键词共同描绘了我们鲜明而真实的生命。有的人笔走龙蛇，有的人能歌善舞，有的人内省独立，有的人幽默风趣……那么，你是怎样的呢？

气质大探秘

古希腊的德尔菲神庙上刻着这样一句话,被奉为人类最具智慧的箴言之一,那就是:认识你自己。从来没有两片相同的树叶,也不会有两个一样的人。每个人,都独一无二地生活在这个世界上,都有自己独特的一面,那么,你对自己有多少了解呢?你有没有思考过自己是一个什么样的人呢?本节内容,将带你从气质的角度去发现自己、认识自己,寻找自己独有的生命色彩。

什么是气质

一天,唐僧师徒四人穿越时空,赶往一所现代化的剧院,准备去完成佛祖布置的一道加试题。然而,路途遥远,还遇上交通堵塞,他们紧赶慢赶还是迟到了10分钟。

在剧院门口,师徒四人被一个守门人拦了下来。原来,剧院规定,开场10分钟后禁止入内。面对这样的结果,师徒四人会有什么样的表现呢?

只见第一个人郑重地正了正衣冠,小心地走过去,彬彬有礼地对守门人说:"这位施主,我们远道而来,要在这里完成最后一项任务,方能到西天取得真经,您能否通融一下,让我们进去?"守门人两手抱臂,一副事不关己的样子说:"那可不行,这是剧院的规矩,迟到10分钟以后一律不能进入。"第一个人又恳求了几句,仍然没有得到同意,他叹了口气,黯然神伤,这么多困难都闯过来了,却偏偏因为迟到了10分钟而失败。

这时候,第二个人早已按捺不住,他压着心中的怒火,走上前去:"老头儿,我们赶了几个钟头的路,只迟到了一会儿,能否装作没看见,让我们进去?"守门人说:"不行就是不行,这是规矩。""规矩也是人定的不是?再说,刚才来的路上车辆拥挤,这是我们的原因吗?你说!你到底让不让进?"说话间,他抓着守门人的衣领,就要动手。

"哎哎哎,"第三个人连忙走上前阻拦,嘻嘻哈哈的样子,说,"这位大叔,您可别生气,我们也不是有意要为难您,要不这样,您先让我们进去,一会儿出来我们请您到边儿上喝上好的龙井,怎么样?"守门人还是摇了摇头。见状,第三个人当即收起笑脸:"哎,你看看你,软硬不吃啊。"一边说着,一边东张西望,看看有没有别的入口可以溜进去。

师徒四人中还有一个人,他看到不能进入剧院,也感到无奈,但是他知道自己也说服不了守门人,就没有上前去,而是低声安慰着其他几个人。

看了四个人的表现，你们一定很快就猜到了，第一个人是唐僧，第二个人是孙悟空，第三个人是猪八戒，而第四个人是沙僧。《西游记》中的唐僧师徒，各有其鲜明的特征。唐僧温文尔雅，时而多愁善感；孙悟空勇敢率性，脾气火暴；猪八戒总是一副大大咧咧、油腔滑调的样子；沙僧则一向老成持重，踏实地跟在师父身边。

在日常生活中，我们可以看到：有些人活泼好动，反应灵活；有些人举止安静，反应较慢；有些人敏感、急躁；有些人稳重、沉着。这种在一个人身上经常表现出来的典型、稳定的心理活动特征，即为气质。气质特征的表现具有一贯性。你有没有发现，一个性格活泼开朗的同学，在家里常常是个"小话痨"，在学校也跟同学们谈笑风生。

因为气质影响到我们参与活动的方方面面，它是一个人的行为风格和典型的反应方式，所以，心理学家常常通过观察人的行为来了解一个人的气质。观察一个人平时的反应是否敏捷，做事是否灵活，精神状态一贯是积极的还是容易紧张或者容易疲劳的，平时爱不爱说话、说话音量的大小、说话速度的快慢，脾气是否暴躁、情绪是否稳定，是否爱哭、脆弱、多虑等，这些方面的表现都可以帮助我们判断他的气质特征。

气质的类型

人们到底有哪些不同的气质呢？气质又是如何分类的呢？

传统的气质类型可以分为胆汁质、多血质、黏液质和抑郁质四种，每一种类型都具有相应的特点。

气质类型	特点	表现
胆汁质	兴奋而热烈	情绪兴奋性高，直爽热情，精力旺盛，情绪起伏比较大，看问题线条较粗，自制力较差
多血质	敏捷而活跃	性格开朗，善于交际，兴趣广泛，但注意力不够集中，情绪易浮躁
黏液质	安静而沉稳	情绪兴奋性较低，沉静，自制力强，注意力集中，稳定性强，应变能力差，容易墨守成规
抑郁质	敏感而羞涩	情绪感受性高而耐受性低，注重内心世界，富于想象力，工作认真坚定，反应较慢，优柔寡断

下面的这张漫画用夸张的方式展示了胆汁质、黏液质、抑郁质和多血质四种气质类型的人面对帽子被别人误坐的情况，表现出的不同的应对方式。

气质是与生俱来的

小哲是个不太爱说话的初中男孩，身材瘦小，皮肤白净。他平常在班里话不多，总喜欢看书、听音乐。小哲很少参加班里组织的球赛，甚至很少在运动场上出现。不过，他的成绩很好，文笔出众，还会写诗，是班里公认的才子。业余时间里，小哲也喜欢研究书法、篆刻，是个颇有才艺的少年。只是小哲的胆子比较小，遇事容易退缩，在班里的朋友不多，很多时候独来独往。这次期中考试，小哲没有考出理想的成绩，为此他很伤心。而考试前他一直很紧张，甚至因此没睡好。

同班的小夏跟小哲截然不同。小夏长得又高又壮，皮肤黝黑，说起话来声音洪亮，掷地有声。小夏的成绩一般，但却是班里的运动明星——既是篮球队的主力，也是年级出名的短跑健将。这次期中考试，小夏同样考得不好，拿到成绩单的小夏先是一阵少有的沉默，接着两下撕掉了成绩单往身后一丢，大声说："等下次的！"然后头也不回地走出了教室。

同学们，你们说说小哲和小夏各自有怎样的气质表现，他们分别属于哪种气质类型？

	气质表现	气质类型
小哲		
小夏		

其实，平时小哲和小夏彼此羡慕。小哲羡慕小夏活泼开朗，勇敢直率，也羡慕他在班里一呼百应的好人缘。而小夏却羡慕小哲是个优雅的文艺少年，多才多艺，出口成章，跟他站在一起，自己总显得鲁莽。有时候他们

甚至希望自己变成对方那样，想要改变自己原本的气质。那么，气质能改变吗？

美国心理学家曾做过一个关于气质的追踪实验。科学家们用了多年时间，追踪观察一批实验参与者，乔乔和莎莎就是其中的两个人。

应邀接受采访那天，16 岁的乔乔穿着一件白色衬衫，她的扣子一直扣到最上面，她虽然坐在自家的沙发上，身体却显得有点儿僵硬。她的表达能力不错，用词也很准确，但说话时还是会紧张地不停眨眼睛，时而摆弄自己的头发和衣角，显得很局促。

说到自己的情绪状况时，乔乔说，每次考试的前一天晚上，她都紧张得睡不好觉，总是担心考不好。此外，她不喜欢和陌生人见面，每次见到陌生人都感觉浑身不自在。她晚上有时候会做噩梦，平日里总是努力克服自己内心的恐惧感，比如担心她的父母出现什么意外的恐惧。然而，乔乔的亲人和朋友对此并没有察觉，在他们眼里，乔乔只是个文静、懂事、上进的姑娘，完全没有什么事情可让人担心。

莎莎与乔乔在同一所高中读书，访谈中，她的表现完全不同。她穿着一件宽松的毛衣和一条短裙，蜷着腿随意地坐在沙发上。她说自己喜欢变化，喜欢去新的地方。莎莎是班干部，也是学校唱诗班和足球队的成员。尽管参加很多活动会占用一定的学习时间，但是她很少为考试担心。在回答访谈提问时，她也顺便聊了一些学校的趣事，有时候竟然忍不住哈哈大笑起来。

乔乔和莎莎的成长环境相似，住在宁静的社区，就读同一所学校，也都有着爱她们的父母，但是她们却表现出完全不同的脾气特点。

有趣的是，15 年前，在乔乔和莎莎只有 16 周大的时候，她们就已经有了不同的表现：在设置有一系列陌生场景的实验室中，莎莎一直显得很恬适，她几乎没怎么动，只是偶尔喃喃自语或是微笑，看起来一点儿也不讨厌这个环境。乔乔却感到很不舒服，她不停地扭动，时而哭泣，显得烦躁不安。显然，乔乔对陌生环境更加敏感，而莎莎则更容易适应陌生的环境。

十几年后，科学家们追踪的结果也验证了他们的预测，乔乔成长为一个羞怯的、面对陌生人或陌生环境容易焦虑的少年，而莎莎不论在哪里，都还像小时候那样从容自然。

由此看来，气质是与生俱来的，它是每个人出生时就具备的个性特征，也很难在后来的成长环境中改变。

气质没有好坏之分

气质没有好坏之分，每一种气质都有其优势，也存在劣势。古今中外，人们在现实生活或文学典籍中，总会发现一些气质特点鲜明的人物。

1. 胆汁质

丘吉尔是第二次世界大战时的英国首相，在二战期间，他带领英国人民取得了反法西斯战争的伟大胜利。

丘吉尔自小生活在富商家庭，7岁那年，他被父母送到一所贵族子弟寄宿学校去读书。然而，这所学校的教育方式非常严格，让丘吉尔很不适应。幼年的丘吉尔并不顺从学校的管教，在挨打时他极力反抗，也会拼命哭喊、踢打。直到他的家人发现了他身上多处受虐待后留下的伤痕，他才得以转学。

丘吉尔的倔强个性在成年后仍然没有改变，他决不向强权低头，哪怕受到很多皮肉之苦。这种个性，也为丘吉尔成为杰出的政治家和军事家奠定了基础。丘吉尔曾自述，自己的天性是狂暴的、强悍的、勇猛的，充满抱负、动荡不安的生活才是他唯一可以接受的生活。

像丘吉尔那样，胆汁质的人往往精力旺盛、不易疲劳，不论是在表情、语言还是行动中，都表现得强烈而迅速，他们能够以极大的热情投入到学习、工作中，有着坚韧不拔的劲头。在很多竞赛中，都活跃着他们的身影。在人际交往中，胆汁质的人比较直率，有话直说，也比较好了解。

尽管如此，胆汁质的人因为做事急躁、草率，有时候会表现得缺乏自制力。他们遇到不利情况，待热情耗尽，会变得气馁、没有耐心、无精打采，会对自己失去信心，甚至半途而废。在与人相处的时候，胆汁质的人容易因为好争辩、不够有耐心、不善于控制情绪，而与别人发生争执。

因此，胆汁质的人要注意三思而后行，在学习中培养自己"粗中有细"的习惯，做到张弛有度，避免过分紧张疲劳；通过学习提高自身修养，培养自控能力。平时可参加养花、插花、书法、绘画、瑜伽等让人静心的活动或者听舒缓的轻音乐，培养自己沉着、冷静、灵活、自制的行为品质。与人相处时，要注意避免与他人发生正面冲突，遇事要"冷处理"，待自己的情绪平息再去解决问题。

2. 多血质

在曹雪芹笔下，"彩绣辉煌，恍若神妃仙子"的王熙凤就比较符合多血质的气质特征。王熙凤虽然识字不多，但家中一直将她当男儿教养，让她参与各种家事的管理。《红楼梦》中这样描述王熙凤：粉面含春威不露，丹唇未启笑先闻。这句话传神地勾画出王熙凤先声夺人、圆滑世故的形象。

王熙凤精明能干，总揽贾府各项事务，也深得贾母和王夫人的信任，在贾府拥有很高的地位。她同各种各样的人打交道，上有公婆，中有叔嫂妯娌、兄弟姐妹、姨娘婢妾，下有管家、奴仆、丫鬟、小厮等。八面玲珑的处事风格、敏捷的思维和口才，以及果断机变的作风，让王熙凤稳居贾府管家的位置。

多血质的人在学习和工作中往往表现得很有进取心，学习效率高，在与人相处时，活泼、开朗、热情、乐观。他们在集体中朝气蓬勃，善于建言献策，身边通常有很多朋友。

然而，他们的注意力容易转移，学习时容易分心、浮躁，比如听课容易走神。他们兴趣广泛，但是坚持时间不长，很容易改变，有时候会出现眼高手低的状况。在人际交往中，多血质的人也显得有些善变。

因此，除了发挥自己的优势，多血质的人还可以有意识地通过一些活动来培养自己动中有静、持之以恒的性格品质。在学习中，多血质的同学可以有意识地进行更多的阅读、写作训练，同时养成自我反思的习惯，及时有效地查缺补漏，形成慎思、细致的作风。课余时间里，还可以参加棋艺、长跑、射击等活动，培养自己的注意力和耐力。

3. 黏液质

林冲是《水浒传》中一个有代表性的人物。他是八十万禁军教头，武艺高强。林冲正直忠厚，有扶弱救困的侠义气概，在处事上安分守己却循规蹈矩，具有黏液质的气质特征。

面对屈辱和陷害，林冲总是倾向于委曲求全、逆来顺受，企图挣扎着回到旧日的安宁生活中去。直至遭暗算，他被逼无奈才投奔梁山，走上反抗的道路。

黏液质的人一般具有稳重、冷静、有耐性的特点。在学习中，黏液质的人常常表现得很有自制力，能够长期坚持不懈、有条不紊地完成任务，给人留下踏实稳重、埋头苦干的印象。他们只要在课前做好预习，在课堂上发挥注意力稳定的特点，一般情况下都能效率较高地学习，并且不易受干扰。黏液质的人朋友少却知心，与朋友交情深厚。

尽管如此，黏液质的人也要注意在学习和生活中，有意识地加快自己的节奏和速度，克服固执、拖沓、缺乏活力的特点，多参与一些能激发热情、激发创造力的活动，比如脑筋急转弯或问题抢答类的比赛、敏捷类的游戏、健身操或舞蹈等。在人际交往中，黏液质的人可以参加一些自己感兴趣的小组活动、聚会，结交其他气质类型的朋友，实现气质互补。

4. 抑郁质

《红楼梦》中的林黛玉最怜惜花，她觉得花落以后埋在土里最干净，在《葬花吟》中，她以花比喻自己，慨叹自己的命运如落花般终将凋零：

花谢花飞花满天，红消香断有谁怜？
游丝软系飘春榭，落絮轻沾扑绣帘。
闺中女儿惜春暮，愁绪满怀无释处。
手把花锄出绣帘，忍踏落花来复去。
…… ……

林黛玉敏感、细腻，感受力强而又多愁善感，她才华横溢，赋有浓郁的诗人气质。林黛玉经常用诗词来宣泄自己的离情别绪，她的文字也总渗透着哀伤。林黛玉的气质倾向于抑郁质。

抑郁质的人在情绪的体验方面比较深刻、细腻，较为敏感，同时他们的分析能力很强，想象力比较丰富，能够发现别人注意不到的地方，他们在学习、工作中既能发挥自己细致的特点，又能胜任具有创造性的任务。同黏液质的人相仿，抑郁质的人通常能够持久地思考一个问题而不受干扰，注意力容易集中。

尽管如此，抑郁质的人对外部环境变化很敏感，喜欢安全的感觉，讨厌冒险。他们的语言和行为通常比较缓慢，耐受性较低，显得有些多愁善感、多疑或怯懦。

因此，抑郁质的人可以多参加活动，广交朋友，建立自信心，在生活中有意培养自己坦荡豁达的心胸和果断灵活的行事作风；在学习和工作中注意宏观地把握和规划大局，培养自己"细中有粗"的做事风格，避免在某个方面投入过多而导致精力分配不均。

不同气质类型的人在学习和生活中各有优势和劣势，这些特点虽然与人的职业选择有一定关系，但是却不能决定一个人价值的大小。只要发挥自身的优势，减少局限因素的影响，每种气质类型的人都可以通过自身努力实现人生价值，成为对社会有用的人。

做最好的自己

心理研究发现，虽然气质是先天形成的，但是，整个小学和初中阶段，学生的气质表现还不稳定，有一定的可塑性。

同一气质类型，可以形成积极的性格特征，也可以形成消极的性格特征。例如，胆汁质的人性急，在社会活动中可能表现为勇敢，也可能表现为鲁莽；多血质的人灵活，在社会活动中可能表现为活泼、机智，也可能表现为动摇、不够诚恳；黏液质的人善于忍耐，可能表现为镇定、刚毅，也可能表现为顽固、呆板；抑郁质的人可能表现为敏锐、爱思索，也可能表现为疑心重。

不同气质类型的人可以培养同样的性格品质。前文中的乔乔和莎莎的气质类型并不相同，然而她们却都有相同的性格品质：勇敢。乔乔在学校话不多，但是每当她遇到认为应该坚持的事情，她会鼓起勇气，坚持去做。比如，有一次，乔乔觉得老师的一个决定有失公正，她决定找老师表达她对这件事情的看法。尽管与老师面对面交谈是一件让乔乔感到焦虑、紧张的事情，但她还是不断给自己打气，最终坚定地走进老师的办公室。莎莎则是处处表现得很大胆。比如，体育课上老师讲授新的动作，莎莎敢于第一个站出来做示范；学生会代表要在全校同学面前发言时，作为学生会干部的莎莎也是一马当先，站在主席台上侃侃而谈。由此可见，勇敢是乔乔和莎莎共同在后天形成的性格特征，尽管她们的先天气质是不同的。

因此，在尊重自己气质特征的基础上，我们要不断尝试自我突破，进行自我完善，培养良好的性格品质，从而在发挥自己优势的同时，尽量降低劣势带来的影响和制约，成为更加出色的自己。

练习与拓展

一、想一想

一位老板想从值得信任的小张、小王、小顾三位助手中选拔一位财务主管、一位市场营销经理和一位项目策划经理。

老板的计划是，安排三位助手下班后留在公司与他研究工作，这期间，他安排了公司的火警逃生演练，但有意没有透露给这三个人。听到警报时，小张连忙站起来，大声说："我们赶快离开这儿再想办法。"小王一言不发，马上跑到墙角去拿灭火器，寻找火源。小顾却坐在那里纹丝不动，说："以我对公司的了解，这里很安全。而且，刚才老板怎么突然离开了一会儿呢？"

老板通过三位助手的不同表现，找到了满意的答案。同学们，你认为小张、小王、小顾三人分别适合哪个职位呢？理由是什么呢？

职位	适合人选及理由
财务主管	
市场营销经理	
项目策划经理	

二、做一做

根据你对气质类型的了解，让我们一起来分析一下身边人的气质类型：

A. 胆汁质　　B. 多血质　　C. 黏液质　　D. 抑郁质　　E. 无法判断

1. 同桌的气质类型是（　　）
2. 好朋友的气质类型是（　　）
3. 爸爸的气质类型是（　　）
4. 妈妈的气质类型是（　　）

也许你会发现，自己身边一些人的特点并不是很分明，甚至会表现出不止一种气质类型的特征。事实上，多数人的气质类型并非单一的，而是两种甚至三种气质类型的混合。

三、测一测

　　下面 60 道题可以帮助你大致确定自己的气质类型，在回答这些问题时，你认为非常符合自己情况的记 2 分，有点符合的记 1 分，不确定的记 0 分，不太符合的记 –1 分，非常不符合的记 –2 分。

1. 做事力求稳妥，不做无把握的事。
2. 遇到可气的事就怒不可遏，想把心里话全说出来才痛快。
3. 宁肯一个人干事，也不愿与很多人在一起。
4. 到一个新环境很快就能适应。
5. 厌恶那些强烈的刺激，如尖叫、噪声、危险的镜头等。
6. 和别人争吵时，总是先发制人，喜欢挑衅。
7. 喜欢安静的环境。
8. 善于和人交往。
9. 羡慕那种善于克制自己情绪的人。
10. 生活有规律，很少违反作息制度。
11. 在多数情况下情绪是乐观的。
12. 碰到陌生人觉得拘束。
13. 遇到令人气愤的事，能很好地自我克制。
14. 做事总是有旺盛的精力。
15. 遇到问题常常举棋不定，优柔寡断。
16. 在人群中从不觉得过分拘束。
17. 情绪高昂时,觉得干什么都有趣；情绪低落时，又觉得什么都没意思。
18. 当注意力集中于一件事时，别的事很难使自己分心。
19. 理解问题总比别人快。

20. 碰到危险情况，常有一种极度的恐惧感。

21. 对学习、工作怀有很高的热情。

22. 能够长时间做枯燥、单调的工作。

23. 符合兴趣的事情，做起来劲头十足，否则就不想做。

24. 一点小事就能引起情绪波动。

25. 讨厌那些内容细致、需要耐心的工作。

26. 与人交往不卑不亢。

27. 喜欢参加气氛热烈的活动。

28. 爱看感情细腻、描写人物内心活动的文学作品。

29. 工作、学习时间长了，常感到厌倦。

30. 不喜欢长时间谈论一个问题，愿意实际动手实践。

31. 宁愿侃侃而谈，不愿窃窃私语。

32. 别人说我看上去总是闷闷不乐。

33. 理解问题常比别人慢些。

34. 疲倦时只要短暂的休息就能精神抖擞地重新投入工作。

35. 心里有话宁愿自己想，不愿说出来。

36. 认准一个目标就希望尽快实现，不达目的誓不罢休。

37. 学习、工作同样长时间后，常比别人更疲倦。

38. 做事有些莽撞，常常不考虑后果。

39. 在老师讲授新知识时，总希望他讲慢些，多重复几遍。

40. 能够很快地忘记那些不愉快的事情。

41. 做作业或做一件事情总比别人花的时间多。

42. 喜欢运动量大的体育活动或参加各种文艺活动。

43. 不能很快地把注意力从一件事情转移到另一件事情上去。

44. 接受一个任务后，就希望把它迅速解决。

45. 认为墨守成规比冒险要好一些。

46. 能够同时注意几件事。

47. 当我烦闷的时候,别人很难使我高兴。

48. 爱看情节起伏跌宕、激动人心的小说。

49. 对工作抱认真严谨、始终如一的态度。

50. 总是处理不好与周围人的关系。

51. 喜欢复习学过的知识,更愿意做自己能熟练操作的工作。

52. 希望做变化大、花样多的工作。

53. 小时候会背的诗歌我似乎比别人记得清楚。

54. 别人说我"语出伤人",可我并不觉得。

55. 在体育活动中,常因反应慢而落后。

56. 反应敏捷,头脑机智。

57. 喜欢有条理而不太麻烦的工作。

58. 兴奋的事常使我失眠。

59. 常常听不懂老师讲的新概念,但是弄懂以后就难忘记。

60. 假如工作枯燥乏味,马上就会情绪低落。

注意:

(1) 如果某一类气质的得分明显高出其他三种,并且均高出 4 分以上,则可判断为该类气质。

(2) 两种气质类型得分接近,其差异低于 3 分,而且又明显高于其他两种类型 4 分以上,则可定为这两种气质的混合型。

(3) 三种气质得分均高于第四种,而且接近,则为三种气质的混合型。

记分表

气质类型	题号	得分
胆汁质	2、6、9、14、17、21、27、31、36、38、42、48、50、54、58	
多血质	4、8、11、16、19、23、25、29、34、40、44、46、52、56、60	
黏液质	1、7、10、13、18、22、26、30、33、39、43、45、49、55、57	
抑郁质	3、5、12、15、20、24、28、32、35、37、41、47、51、53、59	

（资料来源：张拓基、陈会昌："关于编制气质测验量表及其初步试用的报告"，载《山西大学学报》1985年第4期，有改动）

思考：

（1）通过测试，你对自己的气质类型是否有了更多的了解呢？你发现自己的气质类型了吗？

（2）针对你的气质类型，你觉得自己有哪些优势，有哪些劣势？今后自己可以在学习、生活和人际交往方面做些什么，从而让自己得到更好的提升呢？

气质类型	优势	劣势	提升自我的行动

性格万花筒

  从我们在这个世界出生的那一刻开始,每个人都在编织一件看不见的外衣。不管你是在吃饭、走路还是在睡觉,这件外衣每时每刻都紧随着我们。虽然我们看不见它,却可以从一个人说话、做事的方式中感受到它的存在,这件神奇的外衣就是我们的性格。

  我们在生活中,从任何一个角度都可以看到性格折射出的光彩。我们播种一种行为,会收获一个习惯;而播种一个习惯,会收获一种性格;而当你学会播种一种性格,就会获得与之相对应的人生。正如爱因斯坦所说:一个人事业上的成功取决于他性格上的伟大。由此可见,良好的性格是人生成功的必要条件。

  性格特征不是与生俱来的,是在社会生活的日积月累中形成的稳定态度和与之相吻合的行为方式。因此关于性格的问题值得我们一起去关注、探讨。

性格的类型

麦克阿瑟的性格与命运

麦克阿瑟是美国陆军高级指挥官、10位五星上将之一。他出身于将门，以全优成绩毕业于美国著名的西点军校。第一次世界大战时，麦克阿瑟作为参谋长带领军队在欧洲战场取得卓著战功。一战后，他成为历史上最年轻的西点军校校长、美国陆军中最年轻的将军、美国历史上最年轻的参谋长。他一生所创造的奇迹，更体现在他在第二次世界大战中的杰出表现。在太平洋战争中，他采用独特的"蛙跳战术"，以较小代价获得非常大的战果。后来他提出集中兵力打开一条通向日本东京的道路。当时，美国海军作战部部长欧内斯特·金和太平洋战区总司令尼米兹都不同意他的战略计划。麦克阿瑟没有顾及自己的处境和上下级的关系，坚持他的决策并获得了极大的成功。

此后，麦克阿瑟获得了多项荣誉。1945年9月2日，麦克阿瑟作为盟军统帅在美国海军的"密苏里"号战列舰上参加日本向同盟国无条件投降的仪式。

二战后，麦克阿瑟涉足政坛，但他的自负使他与上级及各届总统的关系都不融洽。杜鲁门总统尽管对麦克阿瑟印象不佳，但仍重用他。桀骜不驯的麦克阿瑟也经常惹恼总统。他在没有经过上级批准的情况下，擅自将驻日美军削减一半，杜鲁门对此大为恼火，两人关系一度极为紧张。杜鲁门曾邀请他参加庆典，却遭麦克阿瑟拒绝。1950年仁川登陆战后，麦克阿瑟继续扩大战事，把战火烧到了鸭绿江边，后来由于军事上的失败，杜鲁门考虑停战，但麦克阿瑟认为杜鲁门是"投降"，并公开指责总统。1951年杜鲁门在忍无可忍的情况下，撤销了麦克阿瑟的一切职务。可笑又可悲的是，麦克阿瑟本人是通过收音机才知道这一消息的。此后，麦克阿瑟和艾森豪威尔竞选美国总统，最终人们选择了稳健的艾森豪威尔，放弃了因自负性格而不断引起争议的麦克阿瑟。

麦克阿瑟是美国历史上杰出的五星上将。二战中，他胆识过人、意志坚强，取得了令世人瞩目的战绩和荣誉。战争中，麦克阿瑟叱咤风云、运筹帷幄、临危不惧、出生入死。但在和平时期，他这些本来优良的品质渐渐渗入了唯我独尊、好出风头、爱慕虚荣的毛病，以致最后经历了惨痛的失败。

用中国的一句俗语形容麦克阿瑟的性格，可以说是"成也萧何，败也萧何"。他的故事带给我们的思考颇多，其中最重要的启示是没有十全十美的性格，我们需要根据外部情况的变化来不断优化自己的性格。

要准确科学地了解自己的性格，首先我们应该了解一下关于性格的分类和特点。心理学界关于性格的研究很多，分类方法也有多种，其中比较常用且权威的分类方法是 CSMP 四型性格。其中 C 型性格称为力量型，S 型性格称为活泼型，M 型性格称为完美型，P 型性格称为和平型。

以"堵车"为例，让我们先来看看不同性格类型的人的反应和表现。

对于生活在都市中的人来说，堵车几乎成为每天的惯例，特别是乘公交车上下班的时候如果遇到堵车，我们会听到不同的声音：

"别着急，过了这段就好了。"说话的是个干练的男人，他看到车里不是太挤，就走到售票员身边去询问堵车的原因，还问平时这个时段、这个地段是否容易堵车，看样子他想要掌握尽可能多的交通情况。除此之外，他还在极力安抚周围人的情绪。这个男人就是典型的力量型性格。

"我们可以利用这段时间做些其他有意思的事情。"一个年轻的女孩儿大声说道。紧接着她绘声绘色地向周围的乘客描述自己在堵车时遇到的趣事，乘客们听得津津有味，不时被她逗笑。这个女孩儿就是典型的活泼型性格。

"这条路不应该这么修,直接通过多好,现在这样不但造成拥堵,而且浪费了大家的时间。唉!"一个紧锁眉头的中年妇女说道。说完她继续听着其他人的抱怨,偶尔强调一句自己的观点:"做事情啊,就应该在事前周密规划,做到尽善尽美才好。"这个妇女是典型的完美型性格。

"堵就堵吧。"坐在窗边的男孩儿说完就拿起手机,自顾自地玩起来。看起来他似乎对身边人的反应无所谓的样子,实际上,他心里想:"大家不急,我也就不急吧。"这个男孩儿是典型的和平型性格。

和上述四类人的反应比较一下,你觉得自己的性格特点和反应又是怎样的?

CSMP 四型性格的整体印象

代表字母	反应	类型名称	特点	共性与区别
C	行动	力量型	率直、理性	外向、主动、
S	多言	活泼型	率直、感性	乐观、快节奏
M	思考	完美型	优柔、理性	内向、被动、
P	旁观	和平型	优柔、感性	悲观、慢节奏

性格特点的表现

率直的表现	优柔的表现	感性的表现	理性的表现
敢于冒险	避免风险	放松随和	认真刻板
善做决断	优柔寡断	古道热肠	循规蹈矩
缺乏耐心	耐心闲适	重人际关系	注重工作
能说会道	善于聆听	不隐晦个人感情	对个人感情讳莫如深
生性活泼	生性矜持	时间观念淡薄	时间观念强
坦诚己见	谨言慎行	喜欢随机应变	喜欢事先周密计划

四型性格的类型及特点

也许上面的解释有些概括笼统，那么接下来我们将把四型性格的具体特点逐一详细分析，帮助大家更好地了解。

CSMP 四型性格的具体特点

1. 力量型

力量型的人有着坚强的意志力和果断的决策力。当别人面对困境不知所措、踌躇彷徨的时候，力量型的人如同"定心丸"。他不仅能沉着应对复杂的局面，还会信心满满地带动大家把握住每一个机会去努力奋斗，即便面对嘲笑和质疑，力量型的人也会力排众议，坚守立场，不胜不休。

力量型的人的优点是善于管理，做事主动积极；缺点是缺乏耐心，感觉较迟钝。他们反感的是优柔寡断，追求的是工作效率、支配地位，担心被驱动、强迫，做事的动机是获胜和成功。

2. 活泼型

活泼型的人是乐天派，即便遇到麻烦也会在做短暂调整后面带微笑，继续轻松上阵。活泼型的人也是机灵鬼，他们思维敏捷、语言幽默，能让身心疲惫的人卸下重负、心情舒畅。他们的主意特别多，精力也旺盛，善于用奇思妙想来解决问题。

活泼型的人的优点是善于劝导他人，比较看重与他人的关系；缺点是做事缺乏条理，粗心大意。他们最反感循规蹈矩，追求的是广受欢迎与喝彩，最担心失去声望，做事的动机是获得他人的认同。

3. 完美型

完美型的人目光敏锐、思维缜密、耐心细致，有不凡的品位、出众的才华，做事情的目标明确且坚定，能做到有条不紊。

完美型的人的优点是做事讲求条理、善于分析，缺点是事事追求完美以致过于苛刻。他们最反感盲目行事，追求的是精细准确、一丝不苟，最担心他人的批评与非议，做事的动机是不断进步。

4. 和平型

和平型的人做事坚持原则，遇事头脑冷静，懂得平心静气地倾听，具有包容心和同情心，善于劝导、安慰他人，能和各种人和谐相处。

和平型的人的优点是恪尽职守、善于倾听，缺点是过于敏感、缺乏主见。他们最反感感觉迟钝，追求的是被人接受、生活稳定，最担心突然的变革，做事的动机是团结和归属感。

现实生活中，每个人的性格大致都可以被纳入这四种类型，有的非常典型，有的可能是两种甚至三种性格的组合。

任何一种性格的人都有优势，也都是不完美的，我们需要根据环境的变化不断优化性格，使之能够为我们的日常生活、未来发展提供帮助，而非阻碍。接下来我们看看各种性格类型的人应该如何做出改变。

CSMP 四型性格的自我优化方法

1. 力量型的人应该缓和下来

力量型的人要学会放松，给自己适当安排一些娱乐活动，逐渐成为耐心、稳重的人。学会在适当的场合示弱，减少给他人的压力，遇到问题多请他人协助，表达对他人的理解和接纳，而不是生硬地支配。当与他人出现分歧时，可以尝试停止争论，学会道歉。学会用"对不起"来化解同他人的紧张关系。

2. 活泼型的人应该统筹起来

活泼型的人要学会聆听，尝试关注他人的兴趣，并尽可能地记住他人的名字，生活中不仅有同欢乐的"晴天朋友"，也有能分担痛苦的"雨天朋友"，做事之前做好计划，并切实执行。学会用"你觉得怎样"鼓励对方表达自己的想法，然后给予对方积极的回应和认同。

3. 完美型的人应该快乐起来

完美型的人要多关注事情的积极面，不要自寻烦恼，不要花太多时间做计划，放宽对他人的要求。要认识到事物都有不完美的一面，学会用"没关系"的句式与自己、与他人对话。

4. 和平型的人应该振奋起来

和平型的人要多尝试新鲜事物，尽量从新的事物中获得热情，并迅速开始行动起来，同时学会说出自己的感受，遇事要多思考，形成主见，遇到为难的事要学会拒绝，敢于对不感兴趣的人和事说"不"。

如何与 CSMP 四型性格的人相处

生活中我们除了要了解、优化自己的性格，还需要了解他人的性格特点，进而掌握与他人相处和沟通的方法。

1. 与力量型的人一起行动

（1）要适时支持他们的决定，认同他们的想法，承认他们是群体中的领导者。

（2）和力量型的人合作要注重效率，任务分配要明确、语言表达应尽量简洁，最好能多提供几个方案，让力量型的人可以从中选择。

（3）和他们谈话要开门见山、直切主题，不要绕弯子或者过于委婉。

2. 与活泼型的人一起快乐

（1）要适当支持他们的观点、看法甚至梦想。

（2）理解他们有时说话欠斟酌、做事不走寻常路的特点。

（3）对待他们要热情随和、潇洒大方，适时提醒他们注意小节，但在交往中，不要强求活泼型的人将注意力放在一些琐事上，以免给自己带来小麻烦。

3. 与完美型的人一起统筹

（1）完美型的人更敏感，更容易感到受"伤害"，和他们沟通时要注意表达方式。

（2）和完美型的人合作，应尽可能使方案周到细致、有条不紊，列出计划的长处和短处。

（3）和完美型的人合作，要遵循规章制度，保持工作环境的整洁。

4. 与和平型的人一起放缓节奏

（1）同和平型的人合作，你要做积极的推动者，使目标合理化，必要时要迫使他们做决定。

（2）主动关心和平型的人的情绪感受，但不要急于获得他们的信任。有不同意见时，可以多和他们谈谈感受。

（3）同和平型的人交往，要放慢节奏、积极倾听，鼓励他们多表达自己的想法。

练习与拓展

一、想一想

你在生活中接触过这四类性格的人吗？他们是谁？请分别用 2~3 个词语描述他们的性格特点，并回忆一下最能反映他们性格的典型事件。

性格类型	典型人物	特点描述	典型事件
力量型			
活泼型			
完美型			
和平型			

二、测一测

下面有 40 道测试题，请选择每一题中与你的表现最相符的一个选项，并在选项的字母后边作记号。在全部完成后，请对 C、S、M、P 四个字母的数量进行统计。

1.（1）冒险性——面对新任务下决心要做好。C

（2）适应性——能轻松自如地融入任何环境。P

（3）生动性——表情生动，多手势。S

（4）分析性——准确知道所有细节之间的逻辑关系。M

2.（1）持久型——完成一件事后才接手其他事。M

（2）娱乐型——充满乐趣与幽默感。S

（3）说服型——用逻辑与事实服人。C

（4）冷静型——在任何冲突中都能不受干扰，保持冷静。P

3.（1）包容性——易接受他人的观点，不坚持己见。P

（2）牺牲性——为他人利益愿意放弃个人意见。M

（3）社交性——认为与人相处很有趣而非挑战。S

（4）强烈的意识性——决心依自己的方式做事。C

4.（1）体贴型——关心别人的感觉与需要。M

（2）控制型——控制自己的情感，极少流露。P

（3）竞争型——把一切当成竞赛，总是有强烈的获胜欲望。C

（4）魅力型——因个人魅力或性格使人信服。S

5.（1）清新振作型——给旁人清新振奋的刺激。S

（2）敬仰型——对人诚实尊重。M

（3）保守型——自我约束情绪与热忱。P

（4）机智型——对任何情况都能很快做出有效的反应。C

6.（1）满足性——容易接受任何情况和环境。P

（2）敏感性——对周围的人或事十分在乎。M

（3）自立性——独立性强、机智，凭自己的能力做出判断。C

（4）生气性——充满动力，兴奋。S

7.（1）计划性——事前做详尽计划，依计划进行工作。M

（2）忍耐性——不因延误而懊恼，冷静且能容忍。P

（3）积极性——相信自己有转危为安的能力。C

（4）带动性——运用性格魅力或鼓励推动别人参与。S

8.（1）确信——自信，极少犹豫。C

（2）率性——不喜欢预先计划或受计划牵制。S

（3）程序性——生活与做事均依时间表，不喜欢被干扰。M

（4）害羞——沉静，不易开启话匣子。P

9.（1）井然有序——有系统、有条理地安排事情。M

（2）迁就——愿意改变，很快与他人协调配合。P

（3）直言不讳——毫无保留，坦率发言。C

（4）乐观——相信任何坏事都会向好的方向发展。S

10.（1）友善——不主动交谈，经常是被动的回答者。P

（2）忠诚——一贯地表现出可靠、忠心、稳定的特点。M

（3）趣味性——时时表露幽默感，任何事都能讲成惊天动地的故事。S

（4）强迫性——发号施令者，使别人不敢造次反抗。C

11.（1）勇敢——敢于冒险，下决心做好。C

（2）愉快——带给别人欢乐，令人喜欢，容易相处。S

（3）外交型——待人得体有耐心。P

（4）细节——做事井然有序，记忆清晰。M

12.（1）振奋——始终精神愉快，并把快乐扩散到周围。S

（2）坚持——情绪平稳，反应永远能让人预料到。P

（3）文化型——对学术、艺术特别爱好。M

（4）自信——肯定自己的能力与成功。C

13.（1）理想主义——以自己完善的标准来设想、衡量事情。M

（2）独立性——自给自足，自我支持，无须他人帮忙。C

（3）无攻击性——从不说或做引起他人不满或反对的事。P

（4）激发性——总能轻轻松松地鼓励别人参与活动。S

14.（1）感情外露——忘我地表达出自己的情感、喜好，与人娱乐时不由自主地接触别人。S

（2）果断——有很快做出判断与结论的能力。C

（3）尖刻的幽默——直接的幽默近乎讽刺。P

（4）深沉——认真、深刻，不喜欢肤浅的谈话或喜好。M

15.（1）调解者——避免冲突，经常居中调和不同的意见。P

（2）音乐性——爱好且认同音乐的艺术性，不单是为表演。M

（3）行动者——闲不住，努力推动工作，是别人跟随的领导。C

（4）结交者——喜好周旋于宴会中，结交朋友。S

16.（1）考虑周到——善解人意，能记住特别的日子，不吝于帮助别人。M

（2）固执者——不达目的誓不罢休。C

（3）发言者——不断愉快地说话、谈笑，娱乐周围的人。S

（4）容忍者——易接受别人的想法和方法，不愿与人相左。P

17.（1）聆听者——愿意听别人说他想说的。P

（2）忠心——对理想、工作、朋友都保持忠诚。M

（3）领导者——天生的带领者，不相信别人的能力能比得上自己。C

（4）有活力——充满生机，精力充沛。S

18.（1）知足型——满足自己拥有的，甚少羡慕人。P

（2）首领型——要求领导地位及别人跟随。C

（3）制图型——用图表、数字来组织生活，解决问题。M

（4）可爱型——讨人喜欢，是人们关注的中心。S

19.（1）完美主义者——对己对人高标准，一切事情有秩序。M

（2）和气性——易相处，易沟通，易让人接近。P

（3）工作者——不停地工作，不愿休息。C

（4）受欢迎者——聚会时的灵魂人物，受欢迎的宾客。S

20.（1）跳跃型——充满活力和生机的性格。S

（2）勇敢型——大无畏，不怕冒险。C

（3）模范型——时时保持自己的举止合乎道德规范。P

（4）平衡型——稳定，走中间路线。M

21.（1）乏味——极少流露表情或情绪。P

（2）忸怩——躲避别人的注意力。M

（3）露骨——好表现，华而不实，声音大。S

（4）专横——喜欢命令支配别人，有时略傲慢。C

22.（1）散漫——生活任性无秩序。S

（2）无同情心——不易理解别人的问题与麻烦。C

（3）无热忱——不易兴奋，经常感到好事难成。P

（4）不宽恕——不易宽恕或忘记别人对自己的伤害，易嫉妒。M

23.（1）逆反性——抗拒或犹豫接受别人的方法，固执己见。C

（2）保留性——不愿意参与，尤其当事情复杂时。P

（3）怨恨性——把实际或想象的别人的冒犯，经常放在心中。M

（4）重复性——反复讲同一件事或故事，忘记自己已重复多次，总是不断找话题说话。S

24.（1）惧怕——经常感到强烈的担心、焦虑、悲伤。P

（2）挑剔——坚持做琐碎的事情，注重细节。M

（3）健忘——由于缺乏自我约束，不愿记无趣的事。S

（4）率直——直言不讳，不介意把自己的看法直接说出来。C

25.（1）好插嘴——滔滔不绝的发言者，不是好听众，注意不到别人也在讲话。S

（2）不耐烦——难以忍受等待别人。C

（3）优柔寡断——很难下定决心。P

（4）无安全感——感到担心且无自信心。M

26.（1）不善表达——很难用语言或肢体当众表达感情。C

（2）不愿参与——无兴趣且不愿介入团体活动或别人的生活。P

（3）不受欢迎——由于强烈要求完美，而拒人于千里之外。M

（4）难预测——时而兴奋，时而低落，承诺总难兑现。S

27.（1）犹豫不决——迟迟才有行动，参与一件事往往思前想后。P

（2）难以取悦——标准太高，很难满意。M

（3）即兴——不依照方法做事。S

（4）固执——坚持依自己的意见行事。C

28.（1）悲观——尽管期待好结果，但往往先看到事物的不利之处。M

（2）自负——自我评价高，认为自己是最好人选。C

（3）放任——容许别人做他喜欢做的事，为的是讨好别人，让人喜欢自己。S

（4）平淡——中间性格，无高低情绪，很少表露感情。P

29.（1）无目标——不喜定目标，也无意定目标。P

（2）冷落感——容易感到被人疏离，经常无安全感或担心别人不喜欢与自己相处。M

（3）好争吵——易与人争吵，永远觉得自己是正确的。C

（4）易发怒——有小孩子般的情绪，易激动，事后马上又忘记。S

30.（1）漠不关心——得过且过，以不变应万变。P

（2）莽撞——充满自信，坚韧不拔，但往往又表现得不太恰当。C

（3）消极——往往看到事物的反面，而少有积极的态度。M

（4）天真——孩子般单纯，不喜欢去理解生命的意义。S

31.（1）孤独离群——似乎感到只有独处时才更加自在、舒服。M

（2）工作狂——为回报或成就感而不断工作，耻于休息。C

（3）需要认可——需要旁人认同、赞赏，如同演艺家需要观众的掌声、笑声与接受。S

（4）担忧——时时感到不确定、焦虑、心烦。P

32.（1）胆怯——遇到困难便退缩。P

（2）过分敏感——被人误解时感到被冒犯。M

（3）不圆滑老练——常用冒犯或未斟酌的方式表达自己。C

（4）喋喋不休——难以自控，滔滔不绝，不是好听众。S

33.（1）多疑——事事不确定，又对事情缺乏信心。P

（2）擅权——冲动地控制事情或别人，指挥他人。C

（3）抑郁——很多时候情绪低落。M

（4）生活紊乱——缺乏组织生活秩序的能力。S

34.（1）内向——思想兴趣放在内心，活在自己的世界里。M

（2）无异议——对多数事情漠不关心。P

（3）排斥异己——不接受他人的态度、观点、做事方法。C

（4）反复——善变，互相矛盾，情绪与行动不合逻辑。S

35.（1）杂乱无章——生活无秩序，经常找不到东西。S

（2）情绪化——情绪不易高涨，不被欣赏时很容易低落。M

（3）含糊语言——低声说话，不在乎说不清楚。P

（4）喜欢操纵——清楚知道自己要什么，且喜欢掌控事物的发展，使自己得利。C

36.（1）缓慢——行动、思想均比较慢，通常是懒于行动。P

（2）怀疑——不易相信别人，寻究语言背后的真正动机。M

（3）顽固——决心依自己的意愿行事，不易被说服。C

（4）好表现——要吸引人，要成为人们关注的焦点。S

37.（1）大嗓门——说话声与笑声总是令全场震惊。S

（2）统治欲——毫不犹豫地表达自己的正确性或控制能力。C

（3）懒惰——总是先估量每件事要耗费多少精力。P

（4）孤僻——需大量时间独处，喜欢避开人群。M

38.（1）易怒——当别人不能合乎自己的要求，如动作不够快时，易

感到不耐烦甚至发怒。C

（2）拖延——凡事起步慢，需要推动力。P

（3）猜疑——凡事持怀疑态度，不相信别人。M

（4）不专注——无法专心或集中注意力。S

39.（1）勉强——不甘愿，挣扎，不愿参与或投入。P

（2）报复性——情感不定，记恨并力惩冒犯自己的人。M

（3）轻率——因无耐性，容易不经思考草率行动。S

（4）烦躁——喜新厌旧，不喜欢长期做相同的事。C

40.（1）妥协——为避免矛盾，宁愿放弃自己的立场。P

（2）好批评——不断地衡量和判断，经常考虑提出相反的意见。M

（3）狡猾——精明，总是有办法达到目的。C

（4）善变——像孩子般注意力短暂，需要各种变化，怕无聊。S

C：_____　　S：_____　　M：_____　　P：_____

（资料来源：邵逸飞著：《性格识人 CSMP 四型性格读心术》，中国财政经济出版社，有改动）

三、做一做

请根据测试结果，结合自己当下情况和未来的发展思考一下，你的性格优势和劣势各是什么？应该从哪些方面做出改变？

性格优势关键词（1~3个）	性格劣势关键词（1~3个）

加深了对自己性格的认识，你会做出改变吗？请你以3个月为期，做一个对比，看看自己的性格发生了什么变化。

发展变化中的我

过去的我		现在的我	
性格特点关键词	典型事件	性格特点关键词	典型事件

能力面面观

断崖边上长出了一株小小的百合，它最初长得和杂草一模一样。但它多希望自己能长出娇艳的花朵呀。其他的野草讥讽百合："你不要做梦了，即使你真的会开花，在这荒郊野外，你也没什么价值。"小百合努力地生长着。终于，它开花了，那无瑕的白和秀挺的风姿，成为断崖上最美丽的风景。花朵上那晶莹的露珠，是极深沉的欢喜所凝结的泪滴。看到这从未见过的美，无数人都感动得落泪。

每个人心中都有这样一粒纯洁的花种子，付出努力才能绽放美丽。亲爱的同学们，想知道自己的优势是什么吗？我们该如何发挥它的作用呢？

台湾著名漫画家朱德庸先生的《绝对小孩》中，一个孩子对同伴说："我希望以后做爸爸，爸爸的权力实在太大了。"这是否也是你的心声？大概只有内心丰盈的漫画家才能把孩子的心声表达得如此真切吧。

可你知道吗，就是这样一位天才的漫画家，小时候却是一名被许多人嘲笑的"差等生"。

在学校里，朱德庸似乎永远是那么"笨拙"，老师让背诗歌，他背了一遍又一遍却总是记不住；老师让默写生字，他永远写不对笔画；算术更是一团糟……因此，挨批受罚成了他的家常便饭。在10多年的求学生涯里，他被迫不断转学、插班，甚至连上个补习班都惨遭劝退。

但朱德庸是幸运的，他的父母很开明，从不给他施加任何压力，一直任他凭着自己的兴趣自由发展。当父亲发现他酷爱画画时，经常裁好白纸，整整齐齐地订起来给他做画本。朱德庸后来回忆说："如果我父母也像学校老师那样逼我读书，那我肯定完了。"

同学们，大自然是最伟大而曼妙的发明家，它让牡丹尽显高贵，让玫瑰吐露娇艳，让百合绽放纯洁；它赋予老虎锋利的牙齿，赋予雄鹰遒劲的翅膀，赋予羚羊矫健的四肢……那我们呢，肯定也有自己的天赋。

能力的多元化

> 我们应该更宽泛地看待"智力"这一概念，每个孩子都是独一无二的，都有着聪明之处，也都具有在某些领域成才的能力。没有人是全能，也没有人是无能。
>
> ——[美]霍华德·加德纳

下图多彩的大圆盘展示了美国心理学家加德纳提出的多元智能理论。加德纳认为，智力的内涵是多元的，由八种相对独立的智力成分构成。所有人都有这八种智能，但每人最出色的表现各有侧重。也就是说，八种智能在每个人身上可同时存在，但又以不同方式、不同程度进行组合，使得彼此的智能各具特点。这带来的启示是，一个人并非只能从其中一项智能中思考自己的生涯发展道路，而应根据自己的实际情况综合考虑。

多元智能的分类及表现

1. 语言智能

语言智能是有效地运用口头语言和书面语言表达自己的思想并理解他人的能力，在作家、编辑、记者、主持人、律师、演说家、教师等身上有突出的表现。代表人物：莎士比亚、鲁迅等。

美国诗人桑伯格在第一次学写字母时，就想当一名专职文字员，当时他只有6岁。后来，他未能通过数学和法语考试，与著名的西点军校失之交臂。但他仍凭借对语言的热爱获得了大学的博士学位。直到80岁高龄，他依然对动词和形容词的用法充满兴趣。

2. 音乐智能

音乐智能指对音律的高度敏感以及通过音律表达思想情感的能力，在作曲家、指挥家、歌唱家、演奏家、音乐评论家、乐器制作者、调音师等人身上有突出的表现。代表人物：莫扎特、刘伟等。

2010年《中国达人秀》的总冠军是被誉为"断臂钢琴师"的刘伟。10岁时，他因触电意外失去双臂，伤愈后，他以不懈的努力和坚强的意志书写出精彩的人生：14岁在全国残疾人游泳锦标赛上获得了一金两银的成绩，19岁自学用双脚弹钢琴，仅用一年即可弹奏出优美的钢琴曲《梦中的婚礼》。

3. 空间智能

空间智能是指一个人对线条、形状、结构、色彩和空间关系的感知及表现能力，在画家、雕塑家、航海家、建筑师、室内设计师、摄影师等身上有突出的表现。代表人物：毕加索、齐白石、梁思成等。

在老师眼中，庆庆非常不安分，因为他上课总是偷偷地画画，影响课堂纪律，也记不住所学知识。一天，庆庆高兴地给老师展示了他的作品——他把地壳、地幔和地核的特征按比例、用艺术的形式呈现于纸上。从此以后，老师对他的态度有很大改观并鼓励他在课外发展自己的特长。

4. 逻辑智能

逻辑智能是指有效地计算、测量、推理、归纳、分类，并进行复杂数学运算的能力，在侦探、科学家、数学家、会计师、统计学家、工程师、软件研发人员等身上有突出的表现。代表人物：爱因斯坦、钱学森、华罗庚等。

2岁时，昕睿就是个数学迷了，他总是在妈妈念一些数字时高兴地尖叫。一年级时，他已开始学习负数的概念，即便是四、五年级的数学课本，他学起来也不吃力。他痴迷于对运动中物体的数据进行观测与计算、将事物分门别类、指出全球各地的时间表……他还喜欢帮家里做理财方面的核算。

5. 运动智能

运动智能是指善于运用整个身体来表达想法和感觉，以及运用双手灵巧地操作、生产或改造事物的能力，在运动员、演员、舞蹈家、外科医生、机械师、工程师、技术员身上有突出表现。代表人物：菲尔普斯、姚明、杨丽萍等。

晓婷被认为有学习障碍，虽然学业技能落后于同班同学，但她的动作姿态却非常优美。为了鼓励晓婷，老师让她用肢体动作来表现26个英文字母的形状。果然，晓婷用芭蕾艺术完美演绎了出来，老师和同学们都对她刮目相看。

6. 自然智能

自然智能指个体对自然景物有诚挚的兴趣、强烈的关怀及敏锐的观察辨认能力，在自然生态保护者、园林设计师、农业科学家、生物学家、地质学家、天文学家身上有突出的表现。代表人物：达尔文、李四光、袁隆平等。

儿时的李四光在玩捉迷藏时，对一块大石头产生了兴趣：它是从哪儿来的呢？如果真像老师说的那样是从天上掉下来的，那应该把地面砸出很深的大坑呀，可为什么它的四周都是平整的土地呢？这个问题一直藏在他心里很多年。在英国学习地质学后，他才明白冰川可以推动巨石移动几百米甚至上千米。

回国后，李四光专门考察了这块大石头。原来，它是被冰川从遥远的秦岭带来的。他进一步考察发现，长江流域有大量第四纪冰川活动的遗迹。这一研究成果震惊了全世界。

7. 内省智能

内省智能指个体认识、洞察和反省自身，并据此做出适当行为的能力，在哲学家、政治家、思想家、心理学家等身上有突出的表现。代表人物：弗洛伊德、孔子等。

比尔小时候经常侵犯别人，不服从管教。他在收容机构生活12年，失去了普通儿童的生活体验，被家庭、朋友、社区所孤立。从那里出来后，他有幸遇到了一位运用多元智能理论教阅读的老师。比尔热切地学习着，阅读与写作水平有了显著的提高。他决定写一本书，书名为"内在世界"，以记录他在收容机构时的内心生活。

8. 人际智能

人际智能指善于觉察他人的情绪、感受，理解别人，善于和他人相处的能力，在政治家、外交家、领导者、心理咨询师、公关人员、销售员、教师身上有突出表现。代表人物：马丁·路德·金等。

野餐的时候，发生了一件意外的事。两个小男孩，一个是奥数尖子，一个是英语高手，他们同时夹住盘子里的一块糯米饼，谁也不肯放手，更不愿平分。丰盛的美食源源不断地摆上来，他们看都不看，大人们又笑又叹，连劝带哄，可怎么都不管用。最后，还是一个小女孩儿用掷硬币的方法，轻松地打破了这个僵局。

回来的路上堵车，一些孩子焦躁起来。这个女孩一个接一个地讲笑话，全车人都被逗乐了。她手上也没闲着，用装食品的彩色纸盒剪出许多小动物，引得这群孩子赞叹不已。到了下车的时候，每个人都拿到了自己的生肖剪纸。

学习的个性化

如果留意身边同学的表现，你会发现一些多元智能的线索。比如，有语言天赋的学生经常在课堂上妙语连珠，空间智能较好的学生善于辨别方向，人际智能突出的学生喜欢参加社交活动，有运动感的学生往往是操场上的健将等。

此外，多元智能类型还体现在大家日常的学习方式中。有的学生在复习时喜欢把东西抄下来，或者翻看笔记；有的学生喜欢借助流程图、概念图、思维导图、列表格的方式复习；有的同学更喜欢出声朗读和背诵；有的学生则喜欢和同伴一起复习；还有的学生会给自己制订详细的复习计划，并严格按照计划执行；等等。下表呈现了具有不同智能倾向的学生在学习中的表现形式，快找一找，看看你是哪种类型吧！

学习的八种方式与不同特点

智能类型	敏感的事物	爱好	需要
语言智能	语言的音韵、意义、结构、风格	阅读、写作、讲故事、玩语言文字类的游戏等	图书、写作工具、日记本、对话、讨论、交谈、辩论、争论、讲故事等
音乐智能	音调、节拍、速度、旋律、音色	唱歌、哼唱、用手和脚打拍子、听音乐	参加歌咏会和音乐会，在家或学校演奏乐器，参加音乐比赛等
空间智能	色彩、形状、视觉变化、对称性、线条、意象	设计、绘画、视觉图像、玩迷宫游戏等	艺术、乐高拼装玩具、立体影像、幻灯片、图画书、参观艺术博物馆
逻辑智能	概念模型、数字和数据，因果关系，客观和定量的推理	实验、怀疑、解决逻辑难题、计算等	实验的材料、科学资料、操作工具，参观天文馆和科学博物馆等
运动智能	触觉、运动、自己的身体状况、体育竞赛	舞蹈、跑步、跳跃、手工制作、触摸、做手势等	角色扮演、戏剧、身体活动与体育比赛、手工制作、触觉体验、实践式学习等
人际智能	肢体语言、情绪、感受	领导、组织、协调参与、社交等	朋友、小组活动、社交聚会、社团事务、俱乐部、良好的师生关系等
内省智能	自己的优点、弱点、目标和需求	设定目标、监控自己的思维、沉思默想、计划、反思	安静的场所、独立实践、选择权、可自我调节的事物
自然智能	自然物体如植物、动物，自然规律，生态问题	饲养小动物，做园丁，对生物和自然物进行观察、鉴别与归类	接近自然、有机会和小动物接触、探索自然的工具（如放大镜、望远镜等）

（资料来源：齐建芳：《学科教育心理学》，北京师范大学出版社，有改动）

每个人都有别人替代不了的优势。朱德庸先生的优势既不是语言智能，也不是逻辑智能，而是那蕴含无比创造力的空间智能。他成功了，因为他找到了自己的优势，并发挥得淋漓尽致。所以你若是一只善于奔跑的羚羊，就要发挥自己的天赋，勇敢地奔跑起来，而不要羡慕老虎那锋利的牙齿。

同学们，我们要善于发现自己的优势，并努力创设各种有助于让学习效果最大化的学习机会与环境，在适当的训练中，让我们的智能发展到更高水平。那么，在发现自己的优势能力后，又如何发挥这个优势呢？

语言智能好的同学，可以通过有声记忆提高复习效率、发挥学习效能，可以多发表习作、参与主持校刊校报的编辑工作。

音乐智能突出的同学，可以在艺术节肩挑大梁。不论是作词作曲、指挥领唱，还是乐团演奏、独奏独唱等，都可以令你充分发挥优势，大放异彩。

空间智能好的同学，可采用概念图、表格等方式复习功课，提高复习效率和学习成绩，还可以多参加摄影、绘画、模型制作类的比赛，提升自信心。

逻辑智能突出的同学，可以多参观博物馆、科技馆，通过科技类竞技活动及游戏锻炼自己的思维，还可以在活动中承担方案策划与程序设计任务，服务集体。

运动智能良好的同学，应该抓住各项体育或舞蹈比赛的机会，努力为个人和班级争取荣誉，积极参加角色扮演活动，让课堂学习更加生动有趣。

人际智能优秀的同学，借助对人际的关注与敏感，可胜任班级的心理疏导志愿者，或承担班级管理和协调工作。

内省智能强的同学，可以充分发挥这个优势，适时进行反思总结、自我管理，为全面提升能力打下基础。

自然智能较强的同学，可担起环保宣传大使的重任，并为班级的绿植养护及知识普及做贡献。

总之，我们需要在擅长的领域里多创造成功的机会。只有当自己的优势能力得到合理发展时，你才能将这种积极的状态转化到其他活动中，让自己发展得越来越好。慢慢地，你就会发现自己越来越优秀啦！

能力发展的非匀速化

人的一生大致可分为八个不同的时期，即乳儿期、婴儿期、幼儿期、童年期、少年期、青年期、成年期和老年期。在人的一生中，能力发展的趋势如下：

1. 童年期和少年期是某些能力发展最重要的时期

从三四岁到十二三岁，智能的发展与年龄的增长几乎等速。以后随着年龄的增长，智能发展呈负加速的变化；随着年龄的增加，智能发展趋于缓慢。

2. 人的智能在 18~25 岁间达到顶峰

智能的不同成分达到顶峰的时间也是不同的。

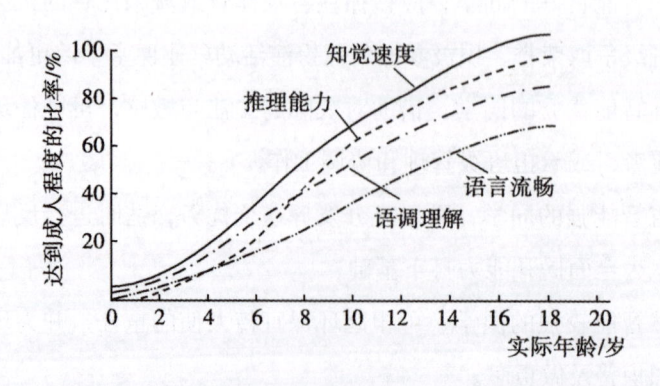

智能的不同成分的发展

3. 中年以后流体智力下降，晶体智力上升

根据对人一生中能力发展的研究发现，人的流体智力在中年之后有下降的趋势，而人的晶体智力却是稳步上升的。流体智力是一个人与生俱来的，指在信息加工和问题解决过程中所表现的能力，如注意力、反应速度和思维敏捷度等，它较少依赖于文化和知识背景，主要依赖于先天的禀赋。晶体智力是通过学习语言和其他知识经验而发展起来的能力，如我们常说的悟性、灵性、社会智能等，它取决于后天的知识、文化和经验的积累。

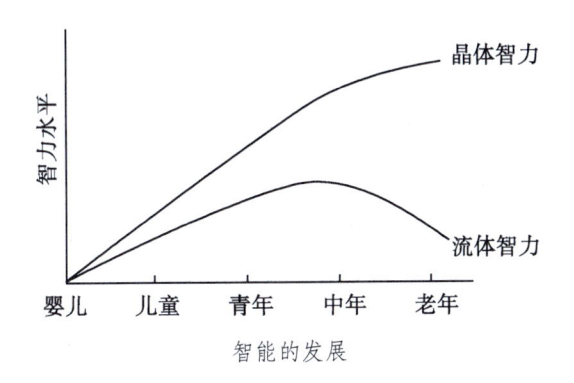

智能的发展

4. 成年期是人生最漫长的时期，也是能力发展相对稳定的时期

成年期又是一个工作时期，在二十五六岁至40岁间，人们常在活动中表现出创造性。

能力发展是伴随一生的，我们尤其要在青少年这个黄金时期砥砺磨炼，让自己的先天优势更加突出，也为自身综合能力的发展储备丰富的知识与经验。

最后，需要强调的是，能力随着年龄的增长还会不断提高。目前欠缺的智能有可能在未来仍有无限的发展空间，我们要不断地通过大胆尝试去挑战自己的未知区域，并积极从周围人的反馈中进一步发现自己的优势所在。加油吧！

练习与拓展

一、想一想

多元智能让我们的学习方式与生涯之路如此与众不同，那它有没有让我们的生活变得新鲜精彩呢？有一位同学在夜赏昙花时，克服了很多困难，并从中看到了自己的好奇心、坚持性和意志力。自然智能给她带来了愉快和自信。

优势智能给你带来了哪些令你自豪的故事呢？也许你因为细心的观察发现了大自然的美丽与神奇；也许你因为善于理解别人收获了知心朋友；也许你对音乐的执着让自己变得投入和坚韧；也许对语言的驾驭能力让你更加乐观和自信；也许你通过生动的表演赢得了赞美；也许你通过每天的反思学会了珍惜和超越；也许你借助手中那灵动的画笔捕捉了很多美好，包括自己丰盈的内心世界；也许你借助数字和符号的韵律奏出了思考和理性的乐章……让我们一起回忆一下，共同分享那幸福和满足的瞬间吧！

让我自豪的故事

故事提示	举例	让我自豪的故事
1.故事发生的时间、地点、经过	深夜，在家里我看到了昙花盛开，并写成作文得到老师表扬	
2.体现了哪种智能？	自然智能	
3.遇到哪些困难？为克服困难，我付出了哪些努力？	打瞌睡，感到害怕。用凉水洗脸克服睡意，听音乐克服害怕	
4.最不容易的地方是什么？	没有放弃，一直坚持；父母早就睡觉了；很少有人看到昙花	

（续表）

故事提示	举例	让我自豪的故事
5. 这个故事中你最欣赏自己什么？	好奇、坚持、有毅力	
6. 这个故事对你做其他事情有什么影响？	学习古筝时，如果能坚持练习，肯定能通过考级	

（提示：能力包括沟通能力、创新能力、抗挫折能力、自我控制能力、模仿能力、写作能力、阅读能力、组织能力、领导能力、解决问题的能力等。优秀品质包括好奇心、合作意识、自信、有毅力、勤奋、诚实、勇敢、宽容、有责任心、有目标、细致、坚强、专注、乐观等）

当我们用积极的心态创造了更多的故事，再回首时我们会有更多的自豪和感动，也会慢慢发现自己要找寻的方向，愿意为培养这种优势付出更多的努力。即使这种专长并不一定成为我们终身的职业，也足以丰富我们的心灵。

二、做一做

1. 想大致了解你的优势智能吗？下列句子中描述了大家可能擅长做的事情。哪个句子的表述与自己的表现相符，你就在本书第53页的"多元智能测试对应题号图"中圈出它的序号。虽然可能占用一定的时间，但你能很快知道自己的优势。

（1）我的阅读水平很高，不但能很快地阅读，而且能理解字里行间的意义。

（2）我能很容易地看出或推导出一串数字之间的关系。

（3）我对地图、图形、表格理解力很强。

（4）我的体操动作（广播体操、双杠、跳马等）标准到位、协调优美。

（5）我有很多的朋友。

（6）一首新歌，只要听过两三遍我就可以大致把它唱出来或弹奏出来。

（7）我曾经认真观察某些动物的生活习性或植物的生长过程，如蚂蚁搬家、种子发芽等。

（8）我能即刻觉察到自己的情绪，并能合理地表达情绪。

（9）在阅读的时候，我能敏锐地发现错别字或语法错误。

（10）我的数学运算又快又准。

（11）在不熟悉的环境里，我仍然能保持明确的方向感。

（12）我跳舞时动作很优美。

（13）我很容易与同学打成一片。

（14）当播放一段音乐时，我能听出是由哪些乐器演奏的。

（15）在户外，我常常沉迷于观察自然界的一些物体，如云朵、石头等。

（16）我特别注意从生活的点点滴滴中汲取经验促进自己成长。

（17）在阅读复杂长句时，我能迅速理清句子的结构、逻辑关系及主要意思。

（18）我做数学题时思路很清晰。

（19）我的素描作品非常逼真。

（20）在体育课、运动会和各种体育比赛中，我表现比较突出。

（21）同学聚会上，我总是很受欢迎。

（22）我很熟悉乐理知识。

（23）我对自然物体和自然现象有强烈的好奇心。

（24）我经常会自觉思考有关人生目标、人生意义等问题。

（25）在说话或写作中，我经常能使用最贴切的词语或成语。

（26）我能准确地推理命题之间的关系。

（27）在复杂的建筑或在陌生的房间里，我仍然分得清方向。

（28）我的手很灵巧，一些精细的手工活我做得很好，如折纸、剪纸、捏橡皮泥、十字绣等。

（29）初次与陌生人见面，我就能与对方轻松相处。

（30）同学说我嗓音好，唱歌很好听。

（31）我的嗅觉、听觉敏锐，能分辨5种以上不同的花香味或鸟叫声。

（32）我会时常总结和反思过去一段时间的学习和生活。

（33）我能记住很多优美的词语、句子并能经常运用。

（34）做题时我的推理过程很严密。

（35）我经常自己设计一些漂亮的饰物、服装或徽标等。

（36）军训中，我的队列动作、行进动作都很标准。

（37）参与团队活动时，无论是作为组员还是组长，我都能很好地和别人协调完成任务。

（38）我的音域很广，能唱很高的音或很低的音。

（39）我能用自然常识解决实际问题，如看云识天气等。

（40）我善于学习他人的长处，也善于从他人的失败中总结经验教训。

（41）在演讲或辩论赛中，我都有较好的表现。

（42）同一道题我会想出不同的解答方法。

（43）即使某个地方我只去过一两次，我也能给别人清晰地指出正确的路线。

（44）劳技课（如缝纫课、电工课、木工课、陶艺课等）上我的表现很突出。

（45）我经常主动和别人沟通自己的想法。

（46）我唱歌从不跑调。

（47）我的嗅觉敏感，通过闻味道就能知道一道菜加了哪些作料。

（48）做任何事我都有比较明确的目标。

（49）听报告时，我能准确地理解报告人所要表达的中心意思。

（50）我在解决几何问题时画的辅助线很巧妙。

（51）我很擅长玩拼图游戏。

（52）我能熟练地使用各种工具。

（53）我与父母、老师、同学都能很融洽地相处。

（54）我能自己创作简单的曲调。

（55）我看过很多有关大自然的节目或资料。

（56）我的自控能力很强。

（57）我能敏锐地发现别人的错误发音。

（58）遇到复杂的实验问题时，我能很巧妙地变换其中的条件从而找出解决办法。

（59）我能很清晰地画出从家到学校的地图。

（60）角色扮演或表演时，我能灵活地做动作。

（61）同学遇到困难或者有心事的时候，我常常能及时给予帮助。

（62）欣赏乐曲时，我能通过旋律、节奏、音色来体验乐曲表达的情感。

（63）我知道课本知识以外的一些常见动植物的科属。

（64）参加完活动后，我习惯反思和总结自己的表现。

（65）我擅长写作。

（66）我能建立出色的数学模型解决实际问题。

（67）在回想某件事情时，我几乎总是会在脑海中形成清晰的图像。

（68）我的平衡能力很强，在颠簸的车船上我也能保持稳定。

（69）我能很好地组织同学参与各种活动。

（70）我擅长一种乐器。

（71）我对自然界的构成和变化（如季节的更替、月亮的盈亏和气候的变换）非常敏感。

（72）做一些重要的事情时（如学习），我知道自己为什么去做。

这里，八种智能中的每项智能都有9道题，如果你某项智能的选中题数超过该项智能题数的60%（即5个以上），则大致表示你在这方面有较显著的优势。

（资料来源于网络）

多元智能测试对应题号图

亲爱的同学，你的优势在哪里？你是否从前面的介绍中看到了自己未来的样子？为了给自己注入积极因素，你可以在优势方面做出最醒目的标记，时刻提示自己：我有××方面的优势，我真的很棒！

即便你在某项智能上一个圆圈也没有画，也不代表你的该项智能（能力）为零，更不能据此下结论"我没有××智能（能力）"，因为每项智能列举的9种表现，不能穷尽所有与此相关的生活情境，且每个人会因生活经历的不同而有理解上的分歧，会因打分标准的不同而有误差。更何况大部分类型的心理测验，都只能算是一个参考，它只能大致描绘出你的"轮廓"，却不能精细刻画你的"五官"。"该项得分为零，不等于该项智能为零"，只能说明这是你相对薄弱的方面，需引起关注，且有较大的提升空间。

2. 填写发挥优势的途径。

优势智能	发挥优势的途径
语言智能	
音乐智能	
空间智能	
逻辑智能	
运动智能	
自然智能	
内省智能	
人际智能	

隐形的翅膀

每个人都有一双隐形的翅膀,这双翅膀给我们带来希望,这双翅膀让我们在天空翱翔。这双翅膀是美丽的梦想,是强烈的意愿,是浓厚的兴趣,是坚定的信念。

在你前行的路上,梦想会给你方向,动机使你更有力量,兴趣会点燃你火热的激情。当你累了、倦了,想想当初的梦想,坚强的意志必将成就属于你的辉煌。

动机充电桩

在2016年里约奥运会女子排球决赛中,中国女排不负众望,以3比1战胜塞尔维亚队夺得金牌,时隔12年再度夺魁。这场比赛打得很艰难,女排姑娘张常宁说:"女排精神就是坚持不放弃,把握住最后一丝希望,全力以赴。我们最后就赢了。"

同学们,是怎样的力量推动女排队员们在赛场上拼搏?又是怎样的动机让她们遇到困难也没有放弃?让我们来了解一下人们行为背后的原动力——动机。

动机

1. 什么是动机

动机是激发、维持、调节人们从事某项活动，并引导活动朝向某一目标的内部心理过程或内在动力。你有没有特别想做成一件事、达成某个愿望？那种力量就是动机。动机就好像是一台隐形的发电机，为人的行动提供动力能源。如果有发电机及时补充电能，人的行动就像正常运转的机器，不会轻易减慢或停止。反之则会显得拖沓迟缓，力不从心。

动机推动我们的日常活动。有的同学对踢足球感兴趣，一下课就约其他同学去踢足球；有的同学计划在周末完成自然观察作业，很早起床去郊外实践；有的同学加入学雷锋小组，节假日去敬老院为老人表演节目。那么，这些行动的背后，都有哪些动机在产生推动力呢？动机的强弱程度对人的行动会有不同影响吗？

2. 动机的类型

从不同的角度，我们可以把动机分为不同的类型。根据需要的不同性质，我们可将动机分为生理性动机与社会性动机。人要维持生存，就需要满足自身的生理需求，渴则饮，饥则食，困则眠，这些推动我们行为的内驱力，也称为生理性动机；而推动人们更好地生活和适应社会的动机则称为社会性动机。

放学后，小贝飞快地骑车回家，因为肚子早就饿得咕咕叫了，他一心想着赶快回家吃饭。然而，半路上，小贝遇到一个找不到家的孩子，哭着向他求助。小贝很同情这个孩子，又想到自己是共青团员，应该积极帮助有困难的人。于是，他带这个孩子找到了附近的派出所，并设法联系到了孩子的父母。孩子的父母非常感激，他们写了一封长长的感谢信，送到了小贝的学校，小贝的行为受到了老师和同学们的赞许。

小贝因饥饿急着回家的动机属于生理性动机，而小贝帮助他人的动机则是小贝在社会生活中后天习得，以社会文化为基础的社会性动机。社会性动机包括交往动机、成就动机等。随着年龄的增长，人们越来越多的行为受到社会性动机的推动。我们主动沟通，彼此了解，融入集体；我们与他人合作，相互帮助，建立友谊；我们积极进步，得到认可和赞赏，实现自己的价值。这些行为都受到社会性动机的影响。

从动机的来源讲，动机可以分为内部动机与外部动机。内部动机是活动本身就能带来满足感和乐趣，从而推动人们自觉从事某种行为的动力。而外部动机则是因为外在的奖励（他人给予的表扬、金钱、荣誉等），促使人们做出行动的驱动力。

小亮很喜欢写作，他坚持写日记，并经常把自己的所见所闻写成随笔。平日里，每当小亮头脑中闪过一些独特的想法或灵感，他就迫不及待地把这些所思所感写下来。而且，小亮写起文章来也是一气呵成，常常忘了时间。小亮的同学小乔最近也喜欢上了写作，经常积极思考和动笔写作。不过，不同的是，小乔对作文的爱好，源于之前写的一篇作文被老师当作范文在全班诵读，这给予小乔很大的信心，小乔决定每次都认真写作文，争取再得到老师的表扬。

同样是喜欢写作，小亮和小乔的动机并不一样。小亮的动机源于他自身的兴趣和需要，因而推动小亮写作的动机属于内部动机；而小乔写作是希望得到更多来自外界的夸赞，其动机属于外部动机。

同学们，下面表格中小明的行为哪些是受内部动机推动的？哪些是受外部动机推动的呢？

行为	动机类型
好奇心驱使小明每天都去观察燕子的筑巢行为	
小明为了集齐全套卡片而经常去买某种包装的食品	
小明为了在期末的成绩评定中得到"A"而努力学习	
小明因为能够帮助邻居老奶奶过马路而感到自豪	

内部动机和外部动机会对人的行动产生怎样的影响呢？这些影响有什么不同吗？

"雇用"玩耍

从前，有位生活在村庄的老人，他很享受自己恬静的乡村生活。可不知何时起，他家门前的空地开始喧闹起来。原来空地中央有一块向日葵田地，村里的孩子们都喜欢来这里玩耍。于是，这里就变成了孩子们的游乐场。

老人几次撵走这群孩子，然而过不了多久，孩子们又偷偷摸摸地溜进田里玩闹起来。有一天，老人想出个主意，他把玩耍的孩子们招集过来，说："看到你们玩得这么开心，那些吃向日葵的鸟儿都不敢飞来了。以后你们每来玩一次，我都给你们每人发一块钱。"

孩子们听到可以领一块钱，高兴得不得了，每天都来田地里玩。可是，几天后，老人对孩子们说："我手头的钱不多了，以后每天只能给每人发五毛钱。"这样一来，孩子们都不太高兴："五毛钱？这么少！"之后，他们来田地玩的兴趣大减。

又过了几天，老人对孩子们说："以后没有钱给你们了。"孩子们听了非常不满，气呼呼地走了。从此以后，再没人到田地里玩了，老人又可以重新安享清净了。

同学们，你们知道老人是用什么办法让孩子们不再去田地玩的吗？老人巧妙地将孩子们的内部动机转变成了外部动机。开始，孩子们来玩是出于内心的满足和乐趣，因而总是不请自来。后来，老人的奖励让孩子们产生被雇用的感觉，推动他们前来玩耍的内在兴趣逐渐被来领钱的外部动机所替代。所以，当老人给的钱越来越少时，孩子们就感觉付出和收入不相符，便没有了再去"陪老人玩"的兴趣。

可见，内部动机和外部动机对人的行为产生的推动力并不是完全相同的。比较而言，内部动机对行为的影响力更持久。这个现象已经被心理学研究者验证。心理学家爱德华·德西曾进行过一次著名的实验，给学生做有趣的智力难题：

在实验的第一阶段，全部学生在完成解题后都没有奖励；进入第二阶段，一个小组的学生每完成一个难题，就得到1美元的奖励，而无奖励组的学生仍像原来那样解题；第三阶段，两个小组都无奖励，学生想做什么就做什么，拥有充分的自由休息时间，研究人员观察学生是否仍在做题。

实验发现，无奖励组的学生在第三阶段比奖励组的学生花更多的休息时间去解题，他们的兴趣保持时间长于有奖励组的学生，而奖励组的学生在失去奖励后，解题的兴趣减退。

实验证明，外界给予一定的激励刺激，能够推动我们积极行动，这种奖励在通常情况下是有效的。然而，如果我们自身已经对从事这件事情产生了兴趣，产生了行动的内在动机，此时再给奖励不仅显得多此一举，还有可能适得其反。这种现象也被称为"德西效应"。

"德西效应"在同学们的学习过程中也是存在的。内部动机比较强的同学更能坚持学习行为,学习本身能够满足他们的好奇心,让他们体验挑战,得到锻炼,并获得成就感。他们能够独立解决问题,并不断检视自己的学习过程,调整学习方法。而具有外部动机的同学一旦达到了目的,学习动机便会不足。另一方面,为了达到目标,他们往往采取避免失败的做法,放弃挑战性任务或是选择没有挑战性的任务,也因此失去了锻炼自己和挑战自己的机会。

3. 动机的产生

动机是如何产生的呢?心理学家认为,动机主要是由内在需要和外在诱因两部分引发的。

需要是人体组织系统中的一种缺乏、不平衡状态。动机是在需要的基础上产生的。人在社会中生活,有各种各样的需要。美国心理学家马斯洛曾提出需要层次理论,将人的需要分成生理需要、安全需要、归属与爱的需要(社交需要)、尊重的需要、自我实现的需要五个层次。马斯洛认为,人的需要是由低层次向高层次发展的。层次越低的需要强度越大,由此产生的动机越强。

需要的五个层次

(1) **生理需要**：是最基层的需要，指维持个体生存与种族繁衍的需要，包括对食物、空气、睡眠、性、母性等的需要。在日常生活中，早上起床后吃早点，饮食荤素搭配、营养均衡，坚持锻炼身体，晚上按时上床睡觉，规律作息，注意保护视力，认真刷牙等这些行为能帮助我们维持身体的健康，是最基本的需要。

(2) **安全需要**：指对安全的环境、稳定的秩序，避免遭受伤害和威胁的需要。例如，我们为房子装上防盗门窗，坐车的时候系安全带，溜冰的时候戴上防护具，购买食品和药品时查看生产日期和保质期，外出时遵守交通规则、自觉排队，等等。这些行为让我们有秩序感、对周围的世界有了更多的掌控感，能减少焦虑。

(3) **归属与爱的需要**：指个体希望获得别人的爱和爱别人的需要。过节时给亲人和朋友送上礼物和祝福、在集体中结交志趣相投的朋友、在团体比赛中相互鼓励等，都是人们渴望与他人建立联系、满足归属与爱的需要的体现。

(4) **尊重的需要**：指个人追求自主、自强、自信的需要以及追求他人对自己的尊重、认可和欣赏的需要。有的同学考试前认真复习，希望通过自己的努力向老师和家长证明自己的能力；有的同学刻苦练习书法、绘画或乐器，并在比赛中一展风采；有的同学在运动会上拼尽全力，在田径比赛中取得名次。我们在努力做事的过程中认识自己、建立自信，也在这个过程中得到他人的尊重和欣赏。

(5) **自我实现的需要**：指个体希望最大限度地实现自己潜能的需要。马斯洛曾说："音乐家必须创造音乐，画家必须作画，诗人必须写诗。"自我实现是人的最高层次的需要。当你全身心地投入一件事，你仿佛忘了时间。这件事让你发挥自己的潜能，在突破自我的同时，又让你充满成就感。此时，也正是在满足自我实现的需要。有的同学喜欢弹钢琴并陶醉其中，有的同学喜欢滑冰并享受在冰上的自由旋转，有的同学把大半天的假日时光用来画一幅画……这些事情都可能让他们体验到自我实现的满足感。

除了人的内在需要，诱因是动机形成的外部条件，是驱使有机体产生一定行为的外部刺激物。你有没有因为父母承诺的一次旅游机会或者一套心仪的玩具而努力做事或学习的经历呢？你是否曾为了争取"三好学生"的荣誉称号或担任班级干部而努力表现自己？这里旅游的机会、玩具、荣誉称号、班干部的职务就是促使我们做事的诱因。内部需要和外部诱因共同促成了动机的形成。

学习动机

1. 学习动机的构成

东东每天早晨都在美梦中被妈妈叫醒，他想睡懒觉，却又害怕被批评，于是总是拖拖拉拉，到上课前的最后一分钟才走进教室。东东的前桌小敏却正好相反，她总是第一个来到教室，很少迟到。小敏学习很积极，动作总是比东东快一步，她总是第一个回答问题，第一个去问老师问题。不仅如此，小敏的作业也总是班里第一个写完的。东东心里暗暗地佩服小敏，也想像小敏一样努力。可是不知道为什么，刚打起精神做事情，过一会儿就又像是泄了气的皮球，没有动力了。

东东在学校的表现并不积极，可能有多种原因。其实，学习的主动性受多方面因素的影响。学习兴趣，学习需要，个人对学习重要性的认识，学习的态度、目标、个人志向，以及外在条件等，都会影响到学习行为，然而学习动机是学习行为主要的推动力。

学习动机，指直接推动学生进行学习的内部动力。学习动机是学生对学习需要的具体表现，同时由于它受社会、学校、家庭、个人等多方面的影响，因此，它又是一种比较广泛的社会性动机。心理学家认为，学习动机主要包含三个部分：认知内驱力、自我提高内驱力和附属内驱力。

(1) **认知内驱力**：是一种要求理解事物、掌握知识，以及系统地阐述问题并解决问题的需要。我们通过一个小游戏来说明这个问题。

科学小游戏：谁先分出来

把粗盐粒和胡椒面掺和在一起，你能很快把它们再分开来吗？

材料准备：一把塑料小汤勺，一勺粗盐粒，半勺胡椒面。

规则：参赛者听到裁判"开始"的口令后，利用汤勺将混在一起的粗盐粒和胡椒面分开。

你想到了哪些办法？

窍门：把塑料汤勺先在毛衣或别的毛料布上摩擦一会儿，然后用汤勺逐渐接近混在一起的粗盐粒和胡椒面。这时，胡椒面就会跳起来吸附在塑料汤勺上。用这个方法，你很快就能把粗盐粒和胡椒面分开。

原理：这是利用了物理学中的静电知识。塑料汤勺经过摩擦带有电荷，产生了吸引力，胡椒面比粗盐粒轻，所以被吸起来。注意不要把汤勺放得太低，否则粗盐粒也会被吸起来。

通过做游戏我们可以发现，人人都有好奇心，想要更多地认识自己和周围的世界。这种渴望通过学习来认知的动机也是推动我们在学校学习的最重要的动机。在认知内驱力的推动下，我们会认真听讲，积极思考和探索，并尝试完成一些有挑战性的任务。例如，语文课上，对现代诗歌的了解和鉴赏，让我们了解了语言的韵律和语言表情达意的魅力；数学课上，在推理解题的过程中，我们的理解能力和逻辑思维能力得到锻炼。同样，在学校的其他学习和活动让我们对自己和周围的世界有越来越多的了解，我们明白了人类社会的发展历程，我们观察到大自然的很多现象和奥秘，我们了解了社会中不同机构、组织是如何运作的，有什么样的功能；我们也因此对周围的事物有了更多的了解，比如打雷和闪电是如何形成的，汽车的车轮是如何转动的，烧水时水壶为什么发出嘘嘘的声音。

（2）**自我提高内驱力**：是一种通过自身努力，胜任一定的任务，取得一定的成就，从而赢得一定社会地位的驱动力。这种内驱力推动我们努力掌握新的本领，不断调整自己以完成任务、达成目标，从而在行动过程中变得更加自信。自我提高内驱力比较强的学生通常在学习中能够取得一定成就，在学校有优秀的表现。

还记得东东的同学小敏吧，其实，好学的小敏并不是对每一门课程都感兴趣，她对数学就没有太多热情，学起来也并不轻松。然而，小敏并没有放弃学习数学的努力，她相信通过自己的努力同样能学好这门功课。平日，她会花很多时间来理解公式、解数学题。尽管她的解题速度不快，但是小敏的数学成绩依然保持领先。小敏的学习动力显然不是她对数学感兴趣，而是她想要通过努力提高自己的综合素质，顺利地考上高中和大学。

可见，相比较而言，自我提高内驱力更加稳定，不会随着具体学习科目的变化而改变，当它与远大的理想或与长期的奋斗目标结合起来，就会成为鞭策同学们努力学习、持续奋斗的力量。

小勇喜欢玩滑板，开始他只敢在平地上滑，速度也慢。但是，他一有空就抱着滑板去练习，渐渐地，小勇能自如地驾驭滑板，实现腾空跃起并再次回到滑板上，甚至还能将滑板旋转360度。小勇在玩滑板的过程中还结识了一些队友，他们一起练习，并相互鼓励挑战弯道、高低坡。现在的小勇，滑起滑板来越发有成就感，已经成为一个名副其实的滑板高手。

除了玩滑板，有些同学练习钢琴、小提琴，学习游泳、跆拳道，付出了很多努力。虽然练习占用了很多休息和放松的时间，然而他们始终能够坚持，并在练习中不断得到提高。这些行动的背后离不开自我提高内驱力的推动。

(3) **附属内驱力**：指一个人想获得长者（如家长、教师）的赞许或认可，取得应有的赏识的欲望。突然喜欢上写作的小乔就是受到附属内驱力的推动而认真写作，渴望再次得到老师和同学们的欣赏。

学习动机与学习行为是相互促进的，学习动机推动积极的学习行为；反之，有效的学习行为和学习成就又增强了学习动机。尽管人与人的先天禀赋并不相同，但是没有人只依靠天分就能成功。

书山有路勤为径

曾国藩是中国历史上非常有影响力的人物之一，然而他小时候的天赋却不高。有一天，他在家读书，重复朗读一篇文章不知道多少遍了，还是没有背下来。这时来了一个贼，藏在他家的屋檐下，希望等他睡觉之后捞点好处，可是等啊等，见他就是不睡觉，还是翻来覆去地读那篇文章。贼人大怒，跳出来说："这种水平读什么书？"然后将那文章背诵一遍，扬长而去。尽管天赋不高，但曾国藩勤勉不辍，最终成为一个有智慧的人。正所谓"勤能补拙是良训，一分辛苦一分才"。

2. 学习动机与效率的关系

学习动机越强，学习效率就会越高吗？

小华学习很努力，上初中以来，一点儿也没有松懈，每天写完作业还要坚持做好复习和预习，同学们都很佩服他的毅力，小华也对自己抱有很大的希望，想考出全班最高分。然而，每到考试，小华都不能发挥出全部的水平，不知道为什么，越是想要考好，考试结果越是不尽如人意。小华感到很懊恼，这是为什么呢？

中国有句古话：欲速则不达。学习也是如此，并非学习动机越强、目标越高远，学习效率就越高。

> 西方学者提出了叶克斯—多德森定律，用倒"U"型曲线描述了动机强度与工作效率之间的关系：动机太强或太弱都不利于问题的解决，只有中等强度的动机水平最有利于问题的解决，并且，任务越是困难，最佳的动机水平越低。

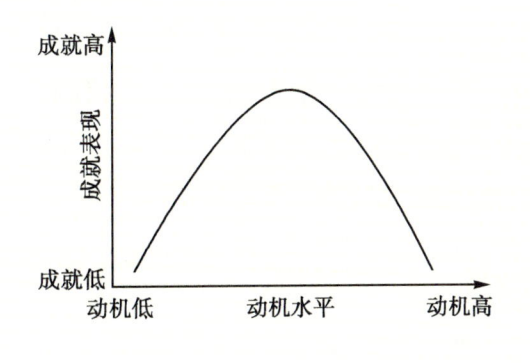

小华想要考好的动机太强，这不但没有帮助他发挥出更好的水平，还影响了他的正常水平。这是因为过度在意考试导致小华注意力不能集中在考试本身，使其情绪上比较紧张焦虑，不能放松和灵活地应对考试中临时出现的一些状况，从而影响了考试成绩。

有的同学在考试时感到过度紧张，可能是因为成就动机过高导致的。因而，客观了解自己掌握知识的程度，合理预期，制定"跳一跳，能够到"

的目标，才能有效激发行动，提高学习或工作的效率。

3.学习动机与归因方式

同学们，如果你们与一队实力相当的同学比赛篮球，你方胜利了，那么你们愿意再来一场吗？如果你们是与一队实力非常强的同学比赛，你们侥幸赢了，还愿意再来一场吗？毋庸置疑，我们都愿意与实力相当的球队再赛一场。这是为什么呢？我们再一次参加比赛的动机是因何而产生变化的呢？

每个人都会给自己的行为成败寻找原因，而归纳原因的不同方式也会影响到人们之后行动的积极性。美国心理学家伯纳德·韦纳认为，人们对成败原因的解释通常可以分为以下几类：

- 能力。根据自我评估判断对该项工作是否胜任。
- 努力。反省个人在学习、工作过程中是否尽力而为。
- 任务难度。凭个人经验判定该项任务的困难程度。
- 运气。认为成败是否与运气有关。
- 身心状态。行动过程中身体及心情状况是否影响成效。
- 其他因素。除上述五项外，个体知觉到的其他的影响因素（如别人帮助或评分不公等）。

心理学家认为，在这些解释中，能力、任务难度是相对稳定的，与其他几个因素相比，努力是可控的。韦纳等人认为，一个人对成败的不同归因方式对以后的行为产生的影响不同。一般而言，将成败归因为可控因素"努力"，更容易激励学习行动。就上面提到的篮球赛而言，在赢了实力相当的对方后，之所以愿意再来一场比赛，是因为将成功归因于努力和能力了；而在侥幸赢了实力非常强的对手后，之所以不愿再来一场比赛，是因为将成功归因于运气了。可见，归因不同，对人的行为影响也不同。

小李和小江是一个班的同学，但是他们思考问题的方式却不太一样。同样是考试取得了好成绩，小李会很开心，他觉得自己本来就挺聪明，关键是这段时间他很努力，从来没有因为贪玩把功课落下。小李越想越觉得有劲头，准备继续努力下去。而小江却是另外一种想法：唉，这次考的这么好也许是运气吧，题目难度不大，可是下一次就不好说了，这次考的那么好，下次考不好怎么办？这样想着，之前开心的感觉没有了，他开始隐隐担心起下次的考试。同样面对考试失败，小李心想，我头脑聪明只是努力不够，比起班里成绩最好的同学，我做的还很少，我要多做一些习题，下次考试肯定没问题。小江却觉得，唉，还是我的脑子笨，不是学习的料。

同学们，比较小李和小江的想法，谁会在今后更有学习的动力呢？成功的时候，我们将原因归结为自己的努力；失败的时候，我们要更多地考虑是否自己的努力还不够。这种寻找原因的方式才能给予我们更多的信心和动力。而把失败归结于能力不足等难以改变的因素，把成功归结于运气好等外在原因，就会使人灰心丧气，甚至失去动力。

面对考试的成功与失败，看看下表中罗列的想法哪些属于你的习惯性解释呢？

	积极归因	消极归因
考试成功	我努力了。我很聪明。我很有能力	可能只是运气好吧。这次考试题目比较简单
考试失败	我的努力还不够。试题难度普遍比较大。考试那天我正好感冒了，影响了答题	我脑子笨。我不是学习的料。我怎么都学不好

当然，找出学业中成功或失败的真正原因很重要，不过，在客观分析

原因的基础上，主动从有利于今后学习的角度进行归因，能让我们更有学习动力。

练习与拓展

一、想一想

1. 上七年级的小明学习成绩不是很稳定，他的心情也总是跟着成绩变化像坐过山车。在期中考试中，小明考了班里的第二名，得到了老师的表扬，这让他感到信心百倍。爸爸曾向小明许诺的航模飞机也因此得到了兑现，小明高兴了好一阵子，学习也变得积极主动。然而，一时的自满也让小明在学习中变得有点松懈。期末考试的时候，一心想保住名次的他却失利了，名次滑落到十名之后，这让小明感到很沮丧，学习时也失去了之前的劲头。

请分析一下推动小明努力学习的动机都有哪些？这些学习动机对小明有怎样的影响？我们是否能通过改变他的学习动机帮助小明形成更加积极的学习态度和持久的学习行为？

小明原本的学习动机	小明可以建立的学习动机

2. 回忆一下，在学习、运动、课外活动中遇到困难时，你是怎样从困难中走出来的？是什么给了你克服困难、继续前进的动力？

二、做一做

考试失利时，你通常是如何找原因的？捕捉你脑中闪现的想法，并把它们写下来。

这些想法哪些属于积极归因，哪些属于消极归因？试着调整你的消极归因，从而给自己更多的学习动力。

消极归因的想法	转变为积极归因后的想法

兴趣集装箱

孔子曰:"知之者不如好之者,好之者不如乐之者。"爱因斯坦说:"兴趣是最好的老师。"他们讲的都是兴趣对于探索新知的重要性。人一旦对某事物产生浓厚的兴趣,在参与有关的活动时,就会专心致志、聚精会神,完全沉浸在事情当中,从而产生愉悦的情绪体验。

兴趣探索

亲爱的同学们,你们知道什么是兴趣吗?知道自己最感兴趣的事情是什么吗?现在让我们一起来探索吧!

1. 什么是兴趣

法布尔是著名的昆虫学家,让我们一起来读读他的故事。

爱好昆虫的孩子

　　五六岁的时候，家里太穷，父母养活不了我，让我跟着祖父母一同生活在偏僻的乡村。我尽管小，却会用自己的眼睛观察一切。有一个夜晚，在树林里，一种断断续续的叮当声引起了我的注意。我在那里守候多时，叮当声却消失了。第二天，第三天，我再去守候，嘿！终于抓到它了，它不是一只鸟，而是一只蚱蜢，我第一次发现蚱蜢是会唱歌的。

　　7岁时，我回到了父母身边开始上学。可是学校很差，只有一个老师，他却要管许多孩子，这样的学校和老师，对我将有什么影响呢？我那热爱昆虫的个性，是不是要渐渐地枯萎以至永远消失了？事实上，这种个性的种子有着很强的活力，它永远在我的血液里流动，能够随时找到滋生的养料。

　　老师带我们去消灭蜗牛，我却挑了一些塞满衣兜，它们是多么美丽啊！黄色的，淡红色的，白色的，褐色的，上面都有深色的螺纹；帮老师晒干草时，我又认识了青蛙，它把自己当诱饵，引诱着河边巢里的虾出来；在赤杨树上，我捉到了青甲虫，它的美丽使天空都为之逊色；在收集胡桃的时候，我在荒芜的草地上找到了蝗虫，它们的翅膀张得像一把扇子，有红色的也有蓝色的，让人眼花缭乱。无论在什么地方，我对动物的爱好都有增无减。

　　我真正开始识字也是因为动物朋友。书上的字母是和动物放在一起的，我喜欢动物，字母于是也引起了我的兴趣。10岁的时候，我已是路德士书院的学生了。学习之余，我趁着星期天去看梅花雀有没有在榆树上孵卵，金虫是不是在白杨树上跳跃，我不能忘记它们！可是后来，父母再也没钱供我念书了，我只得离开学校。在这悲惨的日子里，我对昆虫的兴趣应该暂时搁在一边了吧？事实并非如此，我仍常常能回忆起第一次遇到的那只金虫：它那触须上的羽毛，美丽的花色，褐色底子上嵌着白点，这像是凄惨晦暗的日子里的一道闪亮的阳光，照亮并温暖了我悲伤的心。

后来我有幸接着读书，有机会利用空闲时间来增加自己对动植物的认识。但那时，生物学是被轻看的学科，于是我竭尽全力地去研究高等数学和物理学，而生物学书籍一直被埋在箱底。毕业后，我被派到学校去教物理和化学。那个地方离大海不远，那蕴藏着无数新奇事物的海洋比起那些三角、几何定理来，吸引力大得多了。于是我又开始研究植物和搜寻海洋里丰富的宝藏。

（资料来源：改编自法布尔《昆虫记·爱好昆虫的孩子》）

同学们，从这个故事可以看出，兴趣是我们对事物喜欢或者关切的情绪，表现为我们对某件事情或者某个活动的选择性态度和积极的情绪反应。当法布尔遇到困难，难以继续研究自己钟爱的昆虫时，正是兴趣让他坚持了下来，最终成了一名举世闻名的昆虫学家。这就是兴趣的巨大力量，它推动人们怀着巨大的热情投入到活动中，引导人们勇于战胜困难，获取丰富知识，不断开发智力，最大限度地发挥自己的潜能。而它对人的最大回报就是享受这一投入的过程，快乐地学习，快乐地工作。

2. 找出自己的兴趣

每个人的人生都只有一次，你想快乐地度过这一生，最大限度地发挥自己的潜能吗？一起来探索你的兴趣所在吧！

丁肇中的自白

我虽然获得过诺贝尔物理奖，但我肯定我不是天才……从小父母就把牛顿、爱因斯坦的故事讲给我听，耳濡目染地，我对科学产生了浓厚的兴趣……每天，我从早上7时30分踏进实验室，到晚上11时走出实验室，没有圣诞节，没有星期天，这是出自我对科学的兴趣，可以说，是兴趣把我牵引到国际科学的峰巅。兴趣对一个人的事业很重要，我劝那些想干一番事业的朋友，应该以兴趣为出发点，不能勉为其难。

（资料来源：节选自丁肇中《我的自白》，有删改）

在生活中，如果让你像丁肇中先生一样非常投入地做事情，你会愿意做什么？为什么？

除上面的事情外，你还会在做哪些事的时候聚精会神、感受不到时间的流逝，在事情结束的时候既觉得意犹未尽，又感到成就感很高？认真想一想，并列出 3~5 件你尝试过的既符合上述条件又对自己或对社会发展有用的事情，并简要描述你取得了怎样的成绩。

3. 兴趣在学习中的作用

对某一门学科产生兴趣是学好这门学科的重要前提。你对哪些科目感兴趣？具体有哪些表现呢？分析一下自己感兴趣的原因，并向对这些科目不感兴趣的同学提出建议吧。

科目	感兴趣的表现	感兴趣的原因	对同学的建议
共性表现总结：		共性原因小结：	

写出你认为自己最不感兴趣的两个科目的名称，描述自己不感兴趣的表现，并分析原因，听听同学的建议。

科目	不感兴趣的表现	不感兴趣的原因	同学的建议
共性表现总结：		共性原因小结：	

表面上看，兴趣是一个人喜欢做什么，不喜欢做什么，但有些时候我们喜欢的并不一定是对事情本身感兴趣，而是对其他相关的因素感兴趣，比如因在某个比赛中得奖而喜欢上某个学科。通过分析，你是否发现了一

些"其他因素"的神秘影响呢？想办法把引起兴趣的因素迁移到其他学科中去，让这些学科也变得更有吸引力吧！

此外，对一门学科感不感兴趣和能不能学好这门课，虽然不同，但还是有较强内在关系的。一方面，感兴趣的事情容易做得好，做得好的事情也容易进一步激发我们的兴趣；反过来也是一样，不感兴趣的事情不太容易激发我们的热情，因此较难取得好的结果，而一开始做得不好的事情也较难激发我们的兴趣。

兴趣的形成与培养

1. 兴趣的形成

我们的大脑有个部位叫杏仁核，属于大脑边缘系统的一部分，它可以产生、识别并调节情绪，还可以控制学习和记忆。当遇到让我们兴奋的事情时，杏仁核就会分泌一种叫多巴胺的物质，这种物质可以激活大脑的奖赏回路，让人产生兴奋快乐的感觉。

在日常学习和生活中，总有一些事像读书、唱歌、运动、做手工等，作为刺激源能对我们大脑的杏仁核施加刺激，促使我们体内分泌多巴胺，令我们体验愉悦感。而随着刺激源的撤除，多巴胺的分泌水平会迅速下降，如果我们想要再次体验这种强烈的愉悦感，就会重新回到之前的活动中去。如此反复，兴趣就形成了。

从上面的生化过程可以发现，兴趣产生的前提是，有某个事件作为刺激源作用于我们的大脑边缘系统，并且触发杏仁核产生多巴胺。否则就不会产生对事物的兴趣。多巴胺一旦分泌，奖赏回路就被激活，这种奖赏机制能促使人做一切喜欢的事。这些事物由于可以给我们带来刺激和愉悦，因此在心理学上又叫作正向反馈或正向激励。

你听说过巴甫洛夫的狗吗？那是一只一听见铃声就会流口水的狗，它闻名于俄国著名生物学家巴甫洛夫做的一项生物实验。狗最初只是对食物感兴趣，因为食物可以让它填饱肚子并感到愉快，给它提供正向激励，食物的信号如颜色、形状、气味等触发了狗的唾液分泌。但是随着另一个刺激源——铃声的插入，反复几次后，当只出现铃声时，狗也会流口水，这是因为，铃声也变成了促使其分泌唾液的刺激源，正向激励从原来的食物转化成了现在的铃声。因此，狗对这个铃声，甚至所有类似的铃声都会产生兴趣。从这个经典条件反射实验我们得到启示：兴趣是可以创造并转移的，只需将新的刺激源与原来的正向刺激源相结合。

2. 学习兴趣的培养

对学习有兴趣，就能自觉、自愿地去学习，就能努力克服一切学习上的困难，排除障碍，持之以恒地学习。我们如何提升自己对学习的兴趣呢？

（1）**探究学习的意义，用目标引导兴趣**。兴趣分为直接兴趣与间接兴趣，虽然有时候我们可能因为各种各样的原因，对某门课程不感兴趣，但如果我们了解了学习的意义所在，明白学习是为了将来更好地工作、生活，就会对学习产生间接兴趣。

（2）**与老师建立良好的关系，用关系激发兴趣**。俗话说："亲其师，信其道。"要多和老师交流，请老师多讲讲学习有关知识的乐趣和有意思的内容，与老师建立良好的关系，就会激发学习兴趣。

（3）**重视学科的基础知识，用成功激励兴趣**。制订补习计划，采取一些具体措施来弥补知识、技能的不足。基础打牢之后，学习新知识时便不再那么吃力，学习起来就有信心，学习兴趣就会增强。

（4）**多请教、多提问，在解决问题中提高兴趣**。积累问题过多也会让自己的学习兴趣降低，因此遇到问题要及时解决，多与成绩优秀的同学探讨这些问题，做到不懂就问。

（5）**用积极的心理暗示、用自信激发兴趣**。很多同学某些学科学不好，有一个重要原因是消极暗示，如"数学太难，不好学"这样的想法会使自己产生害怕和退缩心理。要克服消极暗示，树立积极暗示，如"相信我自己勤奋学习一定可以学好"，用积极暗示不断激励自己。

3. 生活兴趣的培养

亲爱的同学，你知道什么是生活兴趣吗？生活兴趣就是我们在休闲时间里为了获得身心的快乐而从事的活动。英语中有句谚语："只学习不玩耍，聪明的孩子也变傻。"这句话通俗地说明了生活兴趣在舒缓学习压力方面的必要性。不仅如此，良好的生活兴趣还可以扩展我们的知识面，丰富我们的生活经验，促进我们学习能力的提升，帮我们成为快乐又优秀的人。

常见的生活兴趣有阅读书籍、户外活动、艺术欣赏与创作、手工劳动等。

（1）**阅读书籍**：阅读是最容易培养的一种生活兴趣，只要有喜欢的书和一个安静的场所就可以实现。我们可以随意挑选自己感兴趣的书籍，从中获得不同于课本知识的新异感受。如果我们从现在开始每天都进行课外阅读，在阅读过程中做读书笔记，在阅读之后和父母或同学一起进行分享和交流，慢慢地阅读就会融入我们的生活，变成我们的生活方式。不过快餐式、碎片化的"浅阅读"在当今社会非常流行，以漫画、通俗小说、网络小说等娱乐性书籍为主，这种阅读虽然可以带来短暂的快乐，但同时也会导致思维的钝化和心灵的沉迷，因此，我们要多阅读经典著作。

（2）**户外活动**：户外活动的范围比较广泛，凡是涉及运动、旅游等在户外进行的项目都属于此类，如跑步、游泳、轮滑、球类运动、攀岩、野营、爬山、旅游、参观等。这些活动具有一定的趣味性，但有些项目的消费相对较高，我们要量力而行。

(3) 艺术欣赏与创作：欣赏和创作戏剧、舞蹈、音乐、美术作品能满足我们的审美需求，可以陶冶情操、修身养性。因此，如果条件允许，我们可以选择其中的一到两种作为自己的生活兴趣加以培养，但不要为了在将来的升学中增加筹码而盲目参加各种"特长班"，或者以考级为目标去学习，那样非但感受不到艺术的美，还会使艺术培养变成一种痛苦和负担。

(4) 手工劳动：像插花、陶艺、雕塑、烹饪、编织、剪裁、组装等活动不仅能培养我们的生活能力，也可以发掘智力、激发创造力，因此都可作为良好的生活兴趣来加以培养。

无论以上哪种活动，都需要经过选择和培养才能变成我们的生活兴趣。找到适合自己生活兴趣的最佳方法是拓宽自己的视野，充分利用学校、社区和社会的各种资源，通过图书馆、课外班、网络、讲座、社团活动、朋友交流、电子邮件、电子论坛等方式接触不同的领域、不同的生活方式，在亲身体验和实践中发现、比较和检验。唯有接触你才有机会去尝试，唯有尝试你才能验证自己是不是真的喜欢某项活动。

通过亲身体验，才能更好地避免把社会、家人、朋友认可和看重的事当作自己感兴趣的事，或者将还没有做过但看起来有趣的事情认定为自己的兴趣。亲身体验后才知道是兴趣还是憧憬。

另外，在发现自己的兴趣之后，应坚持探索和学习。良好而有益的兴趣需要我们保持专注，在不断深入地学习和练习中提高能力，从而获得成就感。成就感对于兴趣的培养和延续非常重要，成就感就是一种正向反馈和正向激励，它会点燃我们进一步学习和探索的热情。

4. 远离不良兴趣

有趣的事情作为刺激源可以不断促进我们体内的多巴胺分泌，带来愉悦感，而随着我们对刺激源新奇程度的降低，多巴胺的分泌就会减少，此时我们需要更多新奇强烈的刺激，才能体验同水平的愉悦感。像读书、下棋、学习等有益的活动本身具有一定的难度等级，当我们适应了一定的难度，会在挑战更高难度时获得新的愉悦感。

同样的道理也适应于玩网络游戏、看电视连续剧等。它们很容易使人上瘾，就在于设置的新任务或新的剧情转折，提供了及时快速的"正向激励"。每一个故事情节、每一块地图、每一个关卡或者副本，都会千差万别，这种新鲜感持续灌输进玩家和观众的原始神经回路，激励他们不断分泌多巴胺，一直保持着对它的关注，这种关注将逐渐演变成上瘾行为。虽然不良兴趣也能在一定程度上起到放松和缓解压力的作用，但结束之后的空虚感以及成瘾之后带来的巨大危害严重影响我们的生活，因此，我们对不同种类的兴趣要学会判断，本着有利于身心健康的目的去选择和培养自己的兴趣。

从兴趣到成功

1. 核心兴趣助力成功

从兴趣到成功一般要经历"有趣—乐趣—志趣"这一过程。有趣是兴趣发展的低级阶段，处于这一阶段的兴趣常常与你对某一事物的新奇感相联系。乐趣是兴趣发展的中级阶段，这一阶段的兴趣变得专一、深入。当乐趣同社会责任感、理想、奋斗目标相结合，就变成了志趣，这是兴趣发展的高级阶段。志趣具有社会性、自觉性和方向性，它激励人们勇敢地克服困难、战胜挫折，是取得成就的根本动力和重要保证。

姚明小时候和其他男孩子一样喜欢玩具枪，之后喜爱看地理方面的书，有一段时间又对考古产生了兴趣，后来又迷上了航模，再后来又喜欢上了打游戏……到9岁时，姚明开始对篮球感兴趣，父母把他送到了少年体校，这使他有了更多的时间和机会学习篮球知识。到了12岁左右，他已经非常喜爱篮球这项运动了，对篮球越发专注了。他曾经用这样的语言来描述篮球的魅力：我爱篮球，爱篮球比赛中的每一部分。球场的声音，球场的气氛，身体间的相互碰撞，在碰撞中挥洒的汗水，球投进篮筐"唰"的声音，球鞋摩擦地板的"嚓嚓"声，进球后观众们疯狂的尖叫声，裁判的哨声，甚至时钟的"嘀嗒、嘀嗒"声……所有这些都让我着迷。这是一项值得参与的伟大的运动。

然而，对于一名职业选手来讲，仅仅喜爱是不够的。姚明在14岁进入上海青年队时，是新队员中技术最差的一个。队友们不愿把球传给他，因为他手里的球老是轻易就被人截走。除了身高，当时的姚明根本没有别的优势，而且他的心肺功能、肌肉力量都不强，练习蛙跳显得十分吃力。曾经有教练认为：姚明不怎么会打球，甚至连跑都不会跑。姚明长得太快，身高过高，严重缺钙，骨骼不够强壮，肌肉发达程度大大低于普通人，以至于刚到NBA打球时没有足够的对抗能力……然而这些没有打倒他，凭着对篮球的热忱，姚明在通往成功的路上，不断克服挫折，一步一步成了世界明星，成了中国篮球史上的里程碑式人物。

姚明小时候曾经有很多兴趣，有些兴趣甚至是在某个时期同时存在的，但是最终发展为志趣的只有一个，那就是打篮球。这个兴趣就是"中心兴趣"，即一个人当前最感兴趣并且切合实际的兴趣。人的精力是有限的，因此，我们要学会在众多的兴趣中把有限的精力和情感聚到一个点上，这样才能在某一领域取得成就。

2. 毅力助力成功

有个名叫约翰·戈达德的美国人兴趣非常广泛，在15岁的时候，他把自己一生想做的事情列了一份清单，并称之为"生命清单"。在这份排列有序的清单中，他给自己列出了127项具体目标，比如，探索尼罗河、攀登喜马拉雅山、读完莎士比亚的著作、写一本书等。在一生中，他历经各种艰难险阻，完成了其中的110项，这些非凡的经历让他成为著名的探险家、成功的电影制片人、作家和演说家，更成就了他波澜壮阔、卓越的一生。

成功一定让约翰·戈达德的心中充满了自豪感。你进一步了解他的经历一定会发现，其实他每一个梦想实现起来都没有那么容易，要下一番功夫，寻找资源、抓住机会、克服各种困难。你想拥有像他那样波澜壮阔的一生吗？你准备好了吗？

练习与拓展

一、想一想

回顾此前自己所列举的几件感兴趣的事情，思考以下问题。

> 我之前感兴趣的事情有：
>
> 我还可以发展的新兴趣是：
>
> 这些不同的兴趣之间是否有关联？

在这几个兴趣中，我是这样分配时间和精力的：

课间十分钟我会做：

晚上写完作业后我会做：

双休日我是这样安排的：

小长假我是这样安排的：

暑假我是这样度过的：

寒假我是这样度过的：

我最喜欢的一个兴趣是：

请比较现在和三年前的兴趣是否一致，想一想，如何才能形成自己稳定的中心兴趣？

二、做一做

在成长过程中，你曾有哪些兴趣爱好？请思考下面的问题，和朋友或家人一起分享自己的感受，并记录活动带给自己的启发。

（1）坚持到现在的兴趣爱好是什么？你是怎么坚持培养这种爱好的？坚持下来对你有什么影响呢？

（2）在保持的过程中可能会遇到什么困难？你准备怎么保持这个爱好呢？

（3）对于放弃的爱好你感到遗憾吗？如果你想重新发展这个爱好，你可以想出哪些方法帮助自己呢？

三、测一测

1. 学习兴趣测试。请根据你的实际情况，在下列题目中做出与自己情况最接近的选择。

（1）学习遇到困难时，你是否问老师？（　　）

  A. 经常问　　　　B. 有时问　　　　C. 从来不问

（2）你关心自己的学习成绩吗？（　　）

  A. 非常关心　　　B. 有时关心　　　C. 从不关心

（3）学习中，你是否对困难的问题采取回避态度？（　　）

  A. 从不回避　　　B. 有时回避　　　C. 经常回避

（4）你经常提前完成老师布置的作业吗？（　　）

  A. 经常这样　　　B. 有时这样　　　C. 从不这样

（5）解题时，你是否常常试图找出较为新颖的解法？（　　）

  A. 经常这样　　　B. 有时这样　　　C. 从不这样

（6）没有师长的督促，你能主动学习吗？（　　）

  A. 主动学习　　　B. 有时主动　　　C. 从不主动

（7）学习时，你因为思想开小差而浪费时间吗？（　　）

  A. 不这样　　　　B. 有时这样　　　C. 经常这样

（8）对于成绩不好的科目，你是否更努力地学习？（　　）

  A. 更努力　　　　B. 有时会努力　　C. 不努力

（9）你是否认为不努力学习是不行的？（　　）

  A. 总是这样认为　B. 时常这样认为　C. 偶尔这样认为

（10）你常因为一些不重要的事情而请假不去上课吗？（   ）
　　　A. 从不这样　　　B. 有时这样　　　C. 经常这样

（11）你常为自己不按时完成作业找借口吗？（   ）
　　　A. 从不这样　　　B. 有时这样　　　C. 经常这样

（12）你能否一坐到桌子前就马上开始学习？（   ）
　　　A. 能　　　　　　B. 有时不能　　　C. 不能

（13）你是否认为学习没意思？（   ）
　　　A. 不这样认为　　B. 有时这样认为　C. 一直这样认为

（14）你是否讨厌对学习要求严格的老师？（   ）
　　　A. 不讨厌　　　　B. 有些讨厌　　　C. 非常讨厌

（15）坐到桌前学习时，你是否感到厌烦？（   ）
　　　A. 不厌烦　　　　B. 有时厌烦　　　C. 立刻厌烦

（16）你讨厌学习时，是否会找"头疼""肚子疼"等借口？（   ）
　　　A. 从不这样　　　B. 偶尔这样　　　C. 经常这样

（17）你是否认为根据自己的情况，必须拼命学习？（   ）
　　　A. 总是这样认为　B. 常常这样认为　C. 偶尔这样认为

（18）你是否认为自己没有毅力，不能继续学习？（   ）
　　　A. 不认为　　　　B. 有时这样认为　C. 一直这样认为

（19）在你学习时，有人打扰你，你是否感到厌烦？（   ）
　　　A. 是　　　　　　B. 有时是　　　　C. 不是

（20）你是否经常把零花钱省下来买学习用品？（   ）
　　　A. 经常这样　　　B. 有时这样　　　C. 从不这样

评分说明：每题选 A 计 2 分，选 B 计 1 分，选 C 计 0 分，将各题得分相加，统计总分。

26 分以上：你的学习兴趣较高，希望你继续保持。

13~25分：你的学习兴趣为中等，你应该努力提高学习积极性。

12分以下：你缺乏学习兴趣，应该引起足够重视。

（资料来源：徐州市教育科学规划办公室课题管理中心网站）

2. 学科兴趣测试。下表中有108道题，每道题都有5个备选答案，请根据自己的实际情况，在题目后面圈出相应字母，每题只能选择一个答案。

学科兴趣	完全符合	比较符合	无所谓	比较不符合	非常不符合
1. 熟知地球各大洲的地理概况	A	B	C	D	E
2. 经常查阅外文辞典	A	B	C	D	E
3. 特别爱看历史题材的电影和戏剧	A	B	C	D	E
4. 爱与数字打交道	A	B	C	D	E
5. 关心经济与政治	A	B	C	D	E
6. 喜欢看世界名画	A	B	C	D	E
7. 喜欢收集好的录音带或唱片	A	B	C	D	E
8. 自觉写日记	A	B	C	D	E
9. 羡慕做实验的生物学家们	A	B	C	D	E
10. 喜欢阅读介绍牛顿等物理学家的文章、书籍	A	B	C	D	E
11. 熟悉国际体育比赛的成绩纪录	A	B	C	D	E
12. 设法弄明白生活中的化学现象	A	B	C	D	E
13. 喜欢阅读有关地理学家生活与活动的文章	A	B	C	D	E

（续表）

学科兴趣	完全符合	比较符合	无所谓	比较不符合	非常不符合
14. 注意看外文广告和说明书	A	B	C	D	E
15. 如果组织历史兴趣小组，一定积极报名	A	B	C	D	E
16. 阅读关于趣味数学的书籍	A	B	C	D	E
17. 关心社会时事新闻	A	B	C	D	E
18. 了解好几种美术流派的特点	A	B	C	D	E
19. 会演奏乐器	A	B	C	D	E
20. 对世界文学名著爱不释手	A	B	C	D	E
21. 喜欢观察动植物的生长变化	A	B	C	D	E
22. 关心物理学方面的新发现	A	B	C	D	E
23. 深夜的体育比赛实况转播也不愿放过	A	B	C	D	E
24. 一上化学实验课就特别高兴	A	B	C	D	E
25. 喜欢阅读反映不同国家和地区的政治、经济、文化情况的书籍	A	B	C	D	E
26. 喜欢收集一些外国的纪念品	A	B	C	D	E
27. 常将历史上发生过的事情与现实进行对照	A	B	C	D	E

（续表）

学科兴趣	完全符合	比较符合	无所谓	比较不符合	非常不符合
28. 很佩服那些在数学上有造诣的人	A	B	C	D	E
29. 喜欢阅读政治方面的理论读物	A	B	C	D	E
30. 知道不少世界著名画家的名字、作品和生平	A	B	C	D	E
31. 很喜欢随音乐打节拍	A	B	C	D	E
32. 喜欢查阅字典、辞典和文学资料索引	A	B	C	D	E
33. 喜欢读有关著名生物学家生平的书籍	A	B	C	D	E
34. 认为物理学对科学技术的发展有重要贡献	A	B	C	D	E
35. 喜欢参加体育活动和竞赛	A	B	C	D	E
36. 常把化学知识用到日常生活中	A	B	C	D	E
37. 对大自然和自己故乡的地理环境很感兴趣	A	B	C	D	E
38. 能读懂初级外文小说	A	B	C	D	E
39. 爱收听广播中的历史故事	A	B	C	D	E
40. 爱绘数学图形、图表	A	B	C	D	E
41. 愿与别人就不同的价值观进行讨论	A	B	C	D	E
42. 自己画的图画得到老师或他人的赞扬	A	B	C	D	E

（续表）

学科兴趣	完全符合	比较符合	无所谓	比较不符合	非常不符合
43. 能熟练地阅读乐谱	A	B	C	D	E
44. 擅长纠正别人措辞中的不恰当之处	A	B	C	D	E
45. 熟悉若干种动植物的生活、生长习性和特点	A	B	C	D	E
46. 喜欢用力学知识解释生活中有关的实际问题	A	B	C	D	E
47. 希望得到体育老师或教练的专门指导	A	B	C	D	E
48. 想知道化学学科的发展史和发展趋势	A	B	C	D	E
49. 喜欢读地质勘探方面的作品或科普读物	A	B	C	D	E
50. 经常购买外语课外读物	A	B	C	D	E
51. 能正确说出重大历史事件发生的时间	A	B	C	D	E
52. 容易对用到数学知识的任务产生兴趣	A	B	C	D	E
53. 对社会发生的事件有自己的思考和见解	A	B	C	D	E
54. 常在手边的本子上随手画漫画或小图案	A	B	C	D	E
55. 有十分喜爱的歌曲和乐曲	A	B	C	D	E
56. 尝试过写故事或诗歌	A	B	C	D	E
57. 爱做一些解剖生物的小实验	A	B	C	D	E

（续表）

学科兴趣	完全符合	比较符合	无所谓	比较不符合	非常不符合
58. 很重视物理实验课	A	B	C	D	E
59. 熟悉著名运动员的名字和专长	A	B	C	D	E
60. 认为从事化学分析工作很有意思	A	B	C	D	E
61. 在旅行中对地形、地貌很感兴趣	A	B	C	D	E
62. 爱看外国原版影片，认为这对提高外语有帮助	A	B	C	D	E
63. 浏览名胜古迹时，常仔细研究碑文、古诗	A	B	C	D	E
64. 曾是或很想成为数学兴趣小组的成员	A	B	C	D	E
65. 爱看有关各国政治的评论文章	A	B	C	D	E
66. 爱看美术展览	A	B	C	D	E
67. 会调乐器的音调	A	B	C	D	E
68. 能正确地分析同义词和反义词	A	B	C	D	E
69. 喜欢采集一些昆虫和植物标本	A	B	C	D	E
70. 很愿意参加物理知识竞赛	A	B	C	D	E
71. 重视日常的体育锻炼	A	B	C	D	E
72. 遇到化学难题不怕花很长时间去解答	A	B	C	D	E

（续表）

学科兴趣	完全符合	比较符合	无所谓	比较不符合	非常不符合
73. 能正确地说明地球的经度、纬度对时差的影响	A	B	C	D	E
74. 常收听外语广播讲座	A	B	C	D	E
75. 关心世界各国的历史	A	B	C	D	E
76. 爱解复杂的数学题	A	B	C	D	E
77. 对哲学问题感兴趣	A	B	C	D	E
78. 常画墙报和黑板报的插图	A	B	C	D	E
79. 熟悉不少著名歌唱家的演唱风格	A	B	C	D	E
80. 广泛阅读诗集	A	B	C	D	E
81. 曾参加或想参加生物兴趣小组	A	B	C	D	E
82. 如果组织物理兴趣小组，一定积极报名	A	B	C	D	E
83. 爱穿运动装	A	B	C	D	E
84. 听到与化学知识有关的问题就立刻有了兴趣	A	B	C	D	E
85. 熟知不少国家的地理位置	A	B	C	D	E
86. 愿结识几位能用外语对话的朋友，相互学习	A	B	C	D	E
87. 喜爱参观历史博物馆	A	B	C	D	E
88. 运算速度比别人快	A	B	C	D	E
89. 在讲话中，常会用到若干政治术语	A	B	C	D	E

（续表）

学科兴趣	完全符合	比较符合	无所谓	比较不符合	非常不符合
90.注意别人的画图技巧、技法	A	B	C	D	E
91.积极参加文艺演出活动	A	B	C	D	E
92.对词语和成语感兴趣	A	B	C	D	E
93.积极关心和支持生态保护	A	B	C	D	E
94.爱安装和修理收音机、电视机等电器	A	B	C	D	E
95.对自己的强健体魄感到自豪	A	B	C	D	E
96.若组织化学知识竞赛将积极报名参加	A	B	C	D	E
97.如果有地理考察活动将积极报名参与	A	B	C	D	E
98.重视自己所学外语的语音和语调	A	B	C	D	E
99.爱读历史方面的书籍	A	B	C	D	E
100.很愿意参加各种数学竞赛	A	B	C	D	E
101.积极参与社会和集体活动	A	B	C	D	E
102.喜欢在郊游或旅游时写生	A	B	C	D	E
103.注意收看电视、收听广播中的音乐节目	A	B	C	D	E
104.喜欢看有关文艺的评论文章	A	B	C	D	E

（续表）

学科兴趣	完全符合	比较符合	无所谓	比较不符合	非常不符合
105.喜爱饲养小动物和栽培植物	A	B	C	D	E
106.在日常生活中，注意联系物理学知识	A	B	C	D	E
107.经常看报纸上的体育专栏	A	B	C	D	E
108.关心化学方面的新成就	A	B	C	D	E

计分与评价：请根据下面的学科与题号对应表，统计你所选各字母的次数，选A得5分，选B得4分，选C得3分，选D得2分，选E得1分。

学科与题号对应表

学科	地理	外语	历史	数学	政治	美术	音乐	语文	生物	物理	体育	化学
题号	1	2	3	4	5	6	7	8	9	10	11	12
	13	14	15	16	17	18	19	20	21	22	23	24
	25	26	27	28	29	30	31	32	33	34	35	36
	37	38	39	40	41	42	43	44	45	46	47	48
	49	50	51	52	53	54	55	56	57	58	59	60
	61	62	63	64	65	66	67	68	69	70	71	72
	73	74	75	76	77	78	79	80	81	82	83	84
	85	86	87	88	89	90	91	92	93	94	95	96
	97	98	99	100	101	102	103	104	105	106	107	108

这样就能得到各个学科的得分，了解自己对各学科感兴趣的程度。把各学科的得分进行比较，找出自己最感兴趣和最不感兴趣的学科，并按兴趣大小

排出次序。

得分与评价表

总分	评价
39 分及以上	很感兴趣
32~38 分	较感兴趣
21~31 分	一般
14~20 分	不大感兴趣
13 分及以下	很不感兴趣

如果自己对大多数学科都较感兴趣或很感兴趣，则表明你热爱学习，把学习看成一种乐趣。如果各学科的得分相差悬殊，则表明学科兴趣倾向性很明显。如果自己对大多数学科的兴趣一般或不感兴趣，则表明缺乏学习热情，应该进行反思。

学科兴趣是在学习、生活中逐渐形成的，有些同学的自测结果与自认为喜爱的学科并不一致，这并不奇怪。因为自测题是从比较稳定的兴趣趋向出发的，而自认为喜爱的学科很容易受其他因素的影响。如这门学科的老师教学很生动，或这门学科对自己来说比较容易学。相反，自认为不感兴趣的学科可能是受老师教学方式或自己难以掌握等因素的影响。所以，更要确切地认识自己对各学科的兴趣情况，最好把自测结果与自己平时的感觉综合起来做判断。

梦想加油站

　　梦想是一个具有魔力色彩的词，它让我们对未来充满希望，它帮助我们绘制了一幅美好的蓝图，它也时刻让我们提醒自己，为了什么在努力。亲爱的同学，你过去的梦想是什么？你能清楚地说出自己现在的梦想吗？不管是曾经还是当下，只要你有梦想，就请妥善收藏；如果没有，请与我一起去找寻吧。因为只有当我们清楚地知道自己想要什么的时候，我们才能笑对艰难困苦，勇往直前；只有当我们拥有了一双追梦的翅膀，我们才能跨越万水千山，飞抵理想的彼岸。

我的梦想

1. 有梦想是成功的第一步

在撒哈拉沙漠中有一个叫比赛尔的小城，这里的人从来没有走出过沙漠，不是他们不愿走出去，而是很多人尝试了很多次都又回到了原点。直到肯·莱文的到来，事情才有了改变。

肯·莱文想不明白原因，于是就问这里的人，他们都说无论他们从哪个方向出发，都还是会回到原来的地方。肯·莱文请当地人带路，他跟在后面。他们只带了两匹骆驼，指南针也收了起来，当他们走到第十一天的时候，果然又回到了比赛尔。肯·莱文经过一番思考发现，比赛尔人都是白天走路，晚上休息，他们都是凭借感觉往前走，根本不认识北斗星，也没有任何参照物，在一望无际的大沙漠肯定是走不出去的。

肯·莱文告诉当地人，只要他们白天休息，晚上朝着北斗星的方向走，就一定能走出沙漠。后来有个叫阿古特尔的年轻人照着这个办法真的走出了沙漠。

当地人为纪念这件事，立了一块碑，上面写着：新生活是从选定方向开始的。

对沙漠中的人来说，新生活是从选定方向开始的，而对现实中的我们来说，新生活是从有梦想开始的，有梦想才有方向。

2. 确立梦想

每个人都有理想和追求，都有自己的梦想。梦想往往决定着我们前进的方向。还记得自己6岁时的梦想吗？如果不记得了请通过回忆、查找资料、询问家长等形式，了解自己6岁时的梦想，然后把自己当时的梦想写下来，也可以把和当时梦想相关的内容画下来,还可以粘贴一张和当年梦想相关的照片。

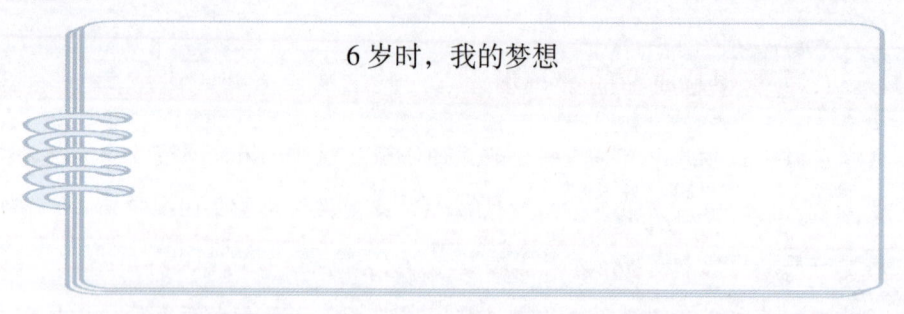

> 6岁时,我的梦想

现在你的梦想又是什么呢?和6岁时相比是不是有了改变?这中间你还有过哪些梦想?请按照时间顺序梳理一下,把梦想的变化记录下来,然后分析一下:心里的那么多想法,到底哪个才是自己的梦想?是什么使自己的梦想发生了变化?这样的变化带给自己什么样的感受?为了实现梦想,自己需具备哪些条件?

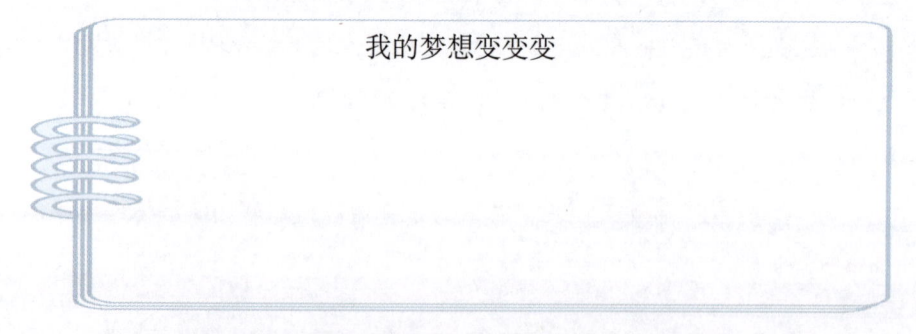

> 我的梦想变变变

梦想通常源于现实而又高于现实,可以是一辈子的目标,也可以是一段时期或一个阶段的目标。梦想的实现能让人感到幸福、获得成长与满足,也要与道德准则、社会理想相适应。通过上面的分析,你需对"我应干什么""我能干什么""实现梦想的我是什么样"等问题进行思考。

3. 优势与梦想

著名数学家陈景润曾是厦门大学数学系的高才生,大学毕业后被分配到一所中学教数学。由于他不善言辞、过于腼腆，在课堂上不能与学生进行良好的互动与沟通，所以这份工作对他来说是个巨大的挑战，也让他承受了很大的压力，以致积忧成疾，他明白自己不适合做老师。后来他回到厦门大学专心从事数学研究，在这里他充分发挥了自己的数学才能。华罗庚从陈景润的一篇文章中看到了"奇光异彩"，便把他选调到数学研究所当实习研究员，此后陈景润在研究中改进了中外数学家的多项研究成果，对哥德巴赫猜想研究做出重大贡献，他的研究在国际上引起强烈反响。

从陈景润的故事中我们可以看到，每个人都有不同的才能和特长，这种差异决定了个人的优势及应选择的发展方向。正确认识自己（比如在气质、性格、兴趣方面的特点，在能力上的优势等），认识到自己在社会生活中承担的角色（比如子女、学生、公民、工作者等），对自己有准确的定位，就能确定合理的、通过努力能够实现的梦想。此外，梦想的确立往往与生涯发展、职业选择相结合，同学们可通过参加学校的社团活动、夏令营、社会实践活动或咨询师长，对自我能力及角色、职业选择做一番探索，使自己的梦想具体化、特定化。恒定的梦想能让人向一个方向深入钻研，获得系统的知识和深刻的认识，然而一个人如果只在已经习惯的、狭小的范围内寻找新的活动方式，也是不易成功的，在确立梦想与目标时也会束手无策。具有广泛兴趣的人眼界比较开阔，解决问题时可以从多方面受到启发，有助于确定与其能力一致的前进方向，在梦想的选择上也有更大的空间。

实现梦想要坚定信念、付出努力

千里之行，始于足下。光有梦想是不够的，任何梦想缺少了行动都是空谈，任何梦想的实现都不是轻而易举的。实现梦想需怀有坚定的信念，要付出长久的努力。

经营梦想

他生长在一个普通的农户家，小时候家里很穷，他很小就跟着父亲下地种田。每次在田间休息的时候，他坐在田边望着远处出神。父亲问他想什么，他说："将来长大了，不要种田，也不要上班，我想每天待在家里，就有人给我邮寄钱。"父亲听了，笑着说："你别做梦了！我保证不会有人做这傻事。"后来他上学了，有一天，他从书上知道了埃及金字塔的故事，就对父亲说："长大了我要去埃及看金字塔。"父亲生气地拍了一下他的头，说："你别做梦了！我保证你不会去。"

十几年后，少年长成了青年，考上了大学，毕业后做记者，写文章、写书。他的书非常受欢迎，很快就卖了几十万册。他每天在家里写作，出版社、报社往他家邮寄钱。他用邮寄来的钱去埃及旅行，他站在金字塔下抬头仰望，想起小时候爸爸说过的话，他在心里默默地对爸爸说："爸爸，人生没有什么能被保证！"

他就是台湾十分受欢迎的散文家林清玄。那些在他父亲看来是不可能实现的梦想，在十几年后都变成了现实。

很多人小时候都像林清玄一样，有着这样或那样的梦想，有的想当作家，有的想当画家，有的想当科学家……但是因为梦想和现实之间有着太遥远的距离，许多人只把它当作一个遥不可及的梦，想一想就放下了。"今天太累了，明天再写吧！"写了几篇文章，投出去没有什么回响，就失望退缩："我不可能成为作家，作家都是天才。还有，人家机遇好。"但林清玄却不是这样，他为了实现自己的作家梦，十几年如一日，每天早晨4点就起来看书写作，每天坚持写3000字，一年就是100多万字。他终于梦想成真，成为台湾优秀的散文家。

每一个成功者，最初的时候和其他人一样怀有梦想，但不同的是，他们把梦想当作生活的目标，每天为了这个目标而努力学习，勤奋工作，一点点缩短现实与梦想的距离，最终把梦想变成现实。

敢想是梦想的第一步，除此之外我们还需要持之以恒，很多人为此苦恼，总说自己意志力差，坚持不下来，那怎么办呢？希望下面两则故事能够给你一些启发。

成功并不像你想象的那么难

20世纪60年代，经常会有一些成功人士在剑桥大学的咖啡厅或茶座里会客交谈。他们中既有诺贝尔奖的获得者、某一领域的学术权威，也有那些创造了经济神话的人。他们幽默风趣，举重若轻，把自己的成功看得非常自然和顺理成章，这让不少学生慕名而来，包括一位主修心理学的韩国留学生。

这名留学生发现，这些人的成功经历与自己在韩国听到的"艰难困苦""玉汝于成"之类的成功范式不同，专业的敏感性让他萌生了对韩国成功人士心态加以研究的兴趣。

他将自己的研究与发现写入毕业论文。其观点得到了导师的大力称赞。导师认为，这是个新发现，这种现象虽然普遍存在，但他却是世界上第一个大胆提出来研究的人！

论文一经出版就鼓舞了许多人。"劳其筋骨，饿其体肤""头悬梁，锥刺股"固然可贵，但却不须刻意追求。只要你对某一事物保有不变的热情并长久地坚持，就会取得成功。

钢铁般的意志、高超的技巧或谋略并非成功的充要条件。对于人生的目标与梦想，只要想做，都能做到，该克服的困难，也都能克服。要相信，朴实而饶有兴趣地生活着，总会水到渠成。

你是全力以赴还是尽力而为？

猎狗随主人去打猎。一只兔子不幸被击中后腿，带伤逃跑。猎狗奉主人之命去追赶猎物。追着追着，兔子竟然不见了，猎狗只好垂头丧气地回到主人身边。见猎物不翼而飞，主人训斥道："没用的东西！连受伤的兔子都追不到！"猎狗反驳道："可我尽力了呀！"

看到兔子逃出险境，伙伴们惊讶极了："你的伤怎么样啊？快说说你是怎么跑赢那只恶狗的？"兔子喘着粗气说："它是尽力而为，顶多挨一顿骂，我可是竭尽全力，否则小命不保呀！"

看了这个故事，大家不妨反思一下，在更多情况下，自己是尽力而为的猎狗，还是全力以赴的兔子呢？

目标与梦想

1. 制定有效目标

作为正在成长的青少年，结合个人的兴趣和优势，树立远大崇高的理想是迈向美好未来的第一步，但是在仰望星空的同时，我们还需要脚踏实地，通过一个个目标一步步实现梦想。如果让你结合理想，聚焦到未来三年的目标，那么你的目标都有什么呢？好好学习，把成绩提上去？交一些知心的朋友？长高一点，再瘦一点？这些看似最接地气的想法从目标有效性上判断，应该都属于无效目标，因为它们的内容比较模糊、没有数据化的表达，更没法儿让人下手操作。所以我们接下来要学习如何制定有效目标。

有效目标必须具体，可以量化和操作。不能量化的目标，其实不能算是一个目标，充其量不过是一个想法。一个量化、可操作的目标，必须具备SMART（五个字母分别是五个英文单词的首字母）标准，含义如下：

S(Specific)——**具体性**。例如"我要减肥"，这只是一种愿望，但如果对自己说"30天内减3斤"，把愿望具体化，就成了目标。

M(Measurable)——**可测量性**。如果目标无法测量，我们就难以实现它，测量是监督变化的一种方式，例如考试的分数就是一个可以测量的数值，它可以反映我们学习上的变化。

A(Achievable)——**可实现性**。目标可以比较远大或具有挑战性，但必须是在我们能力范围内可以达到的。通常我们认为"跳一跳，够得着"的目标最具有吸引力。

R(Relevant)——**相关性**。这里的相关性是指目标和理想的关系。如果这个目标对实现理想有帮助，那么它们的相关性就高，目标实现的意义就大；反之，目标和理想的相关性就低，实现的意义就不大，进而会产生动力不足的情况。例如，某同学计划近三个月背诵1000个单词，他的理想是成为翻译家。那么这个目标和理想的相关性就高，实现目标的动力就更足。

T(Time-bound)——**时限性**。制定目标必须规定起始时间和完成时间，而且时间要尽可能具体。如果有必要用分钟限定的，就不设定成小时；能用小时限定的，就不用天；能用天作为时间单位的，就一定不用周或月。

将上述五个方面再作简化，有效目标的核心条件有两个：一是量化，二是时间限制。"量化"是指数字具体化或形态指标化，如目标是想买一辆汽车，则应补充描述预期的型号、价格范围。"时间限制"是指任何目标都必须限定什么时候完成，可将时间具体到某年某月甚至是某日某时某分。

现在请你根据 SMART 原则，结合自己的理想，制定三个有效目标。

我的第一个目标：_____

我的第二个目标：_____

我的第三个目标：_____

有了目标和执行的动力后，我们还要做些什么呢？请大家按照下面的步骤尝试一下吧。

第一步，结合个人梦想设立核心目标或者长期目标；

第二步，修正目标，使其符合 SMART 原则；

第三步，围绕长远目标，做一些具体规划的近期目标；

第四步，确定近期目标是否与长远目标一致；

第五步，列出困难与阻碍，找出相应的解决办法；

第六步，列出实现近期目标所需的自身条件，如技能、知识等；

第七步，列出达成近期目标所需的外部条件；

第八步，确定近期目标的完成日期并书面化。

在明确目标并努力实现的过程中，你一定还会遇到困难，这个时候，下面的内容也许会帮到你。

2. 如果坚持了计划，但是目标还没实现，怎么办？

世界日新月异，现实千变万化，因此目标的修正也很必要，它是实现梦想的必然途径，修正的方法是：

第一步，修正最具体的计划，而目标不变。如果更改目标成为习惯，那么这种习惯很可能会让你一事无成。

第二步，如果修正计划还无法达成目标，可以退而求其次，调整目标达成的时间。

第三步，如果修正目标的时间还不行，只好退居"第三防线"，修正目标的量。

第四步，万不得已时，只好放弃该目标。

第五步，面对新的目标，切勿重复以上循环，应只重复目标修正法的核心步骤"第一步，修正最具体的计划，而目标不变"。

王石的梦想与坚持

人物介绍：王石，1951年1月出生于广西柳州，他用20年时间带领公司成为所在行业的领军企业，曾两次登顶珠峰，年近60却仍然坚持远赴哈佛游学。

王石：同学们好，主持人热情洋溢的介绍和同学们热烈的反应，好像让我也年轻了两岁，我想到了比你们还年轻的时候，那时我才十几岁，和你们一样想着未来该做什么。我曾受福尔摩斯侦探的影响，特别想当个侦探家；也曾受《海底两万里》《八十天环游世界》《鲁滨孙漂流记》的影响，想当个探险家。我的数学成绩不错，在小学的时候，是可以跳级的那种，但我的语文不好，所以没能跳级。

我当过兵，当过工人，当过工程师，当过机关干部，这样做到32岁。当时在别人看来，我的职业非常非常好，但是我已经看到我的人生最终会走到哪里去。我已经看到了我这一生会怎么过，我的追悼会怎么开，我能想象，我躺在那里，朋友们是怎么来向我鞠躬，我都想得清清楚楚，我不甘心这样的生活。这是我后来到深圳创业的初衷。

我没有严格的人生计划要当一个企业家，只是希望有一种新的生活方式。我曾公开说我不喜欢房地产，但是今天我站在这里，我要告诉同学们，我非常喜欢房地产，非常喜欢房地产行业，因为它涉及城市建设、城市规划，造福于消费者、造福于人民，我后知后觉地发现，我正在从事着一个我梦寐以求的职业。

同学们，当你不确定自己的发展方向时，你就把当下的工作做好，把你所从事的行业做好，把工作当作人生的一个经历、一个积累，经历本身就是一种财富。

我的身体不是很强壮。有人会问我：身体不强壮你怎么登上珠峰的？我说正因为我登上了珠峰，我的身体才强壮了起来。我尝试着一个山头一个山头地克服，这个过程使我的心理承受能力比原来更强，使我的体力也越来越强壮，而不是因为我拥有强壮的体魄才去登山。事实上，我有偏头痛，一疼四五天，还有中耳炎、视网膜炎、鼻窦炎、咽炎。最恐惧的是1995年，我突然感到我的左腿剧痛，医生非常清楚地说："你腰椎间有一个血管瘤，必须马上减少行动，最好是坐轮椅，否则可能随时瘫痪。"我当时脑袋一懵，怎么也没有想到我44岁的时候，正是年富力强的时候，医生宣布我可能瘫痪。所以我想，无论如何，在瘫痪之前，要去一趟西藏，要去珠穆朗玛峰。

2003年我去了西藏，登上了珠穆朗玛峰，记得在登顶下撤的途中，在海拔8800米的地方，天气非常不好，阴天、刮风、下雪，我特别想坐下来，但我要是坐下来，就起不来了。那一刻，能不能活着回来都不清楚，但那时就有一个愿望：如果我能活着回去，我决不再返回喜马拉雅山。可安全回来之后，那个想法也忘了。到山脚下和医生谈话的时候，医生说："你遇到的就是濒临死亡的感觉。"

我曾说，我一生要三次登顶珠峰，2003年是第一次，2010年是第二次，我想，差不多在我70岁的时候，也就是2021年，我要再一次登上峰顶。但当我到哈佛之后，我才意识到，哈佛是我的第三次登"珠峰"，和前两次登珠峰完全不同的是，这座山峰没有物理高度。很多人问我登珠峰难不难，我说当然难，比想象的还要难。在哈佛的第一个学期特别累，要记太多单词，失眠，想睡也睡不着，做作业做到凌晨2点钟，早上8点钟起来，我曾经几次想打退堂鼓。同学们，人生当中一定要保持一种自我的不满足，保持着一种好奇心，保持着你对未来的某种期许。坚持非常重要，胜利往往出现于再努力一下的坚持之中。我想我和很多人最大的不同，不在于我比他们聪明，也不在于我比他们运气好，而是我有这样一个认准的目标，坚持下去……

我曾在金沙江漂流，金沙江上水流湍急，到堰塞湖的时候，江水平静，流得非常非常缓慢，这时我就有时间看两边的景色。金沙江两边都是悬崖峭壁，悬崖峭壁上是一股股潺潺的流水，我突然醒悟到，这滔滔的江河就是一股股的潺潺细流形成的，这一股股的细流就是我们每一个人、每一个家庭、每一个企业、每一个单位，如果我们每一股细小的力量都做应该做的事情，就将汇成我们对未来的期望。

（本文源自著名企业家王石在电视公开课《开讲啦》中的演讲，有删改）

梦想就是这样，开始拥有的时候仿佛近在眼前，但是又无法触及，因为中间的一个个目标犹如山山水水，把我们与梦想隔开。但当我们找到正确的路径，拥有了追梦的翅膀，一路坚持下去的时候，那些目标又像一个个指示牌，引领着我们不断向梦想靠近，再靠近。

练习与拓展

一、想一想

王石对梦想与目标的追逐与修正过程是怎样的？他给你的启示与收获又是什么？

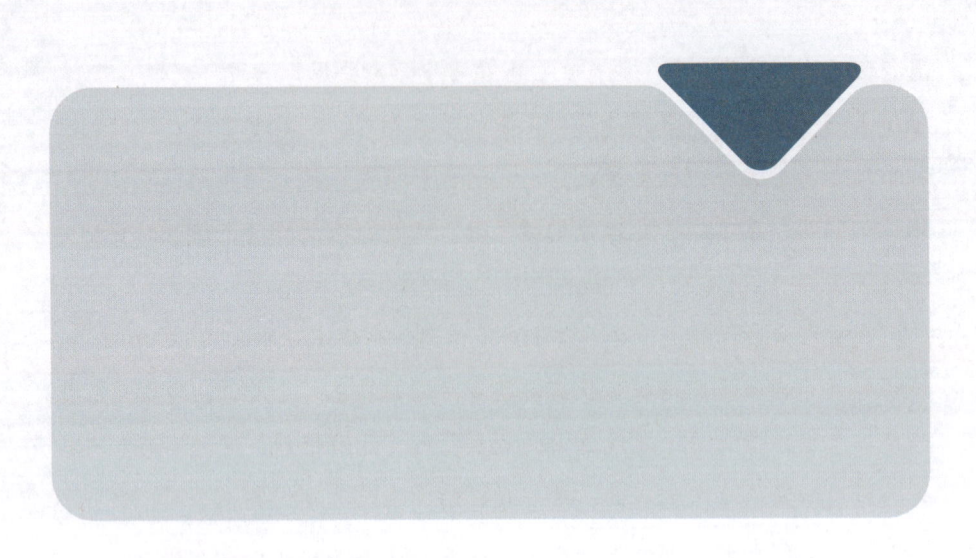

二、做一做

1. 你的优势和梦想是什么呢？先自己想一想，再与朋友讨论分析。

自己眼中的优势：＿＿＿＿＿＿＿＿＿＿＿＿＿＿＿＿＿＿＿＿

在朋友眼中我的优势：＿＿＿＿＿＿＿＿＿＿＿＿＿＿＿＿＿＿

我现在的梦想：＿＿＿＿＿＿＿＿＿＿＿＿＿＿＿＿＿＿＿＿＿

2. 我的名片。请你结合优势与梦想，为自己设计并绘制一张"未来名片"，名片上包含姓名、地址、职业、职务等信息。

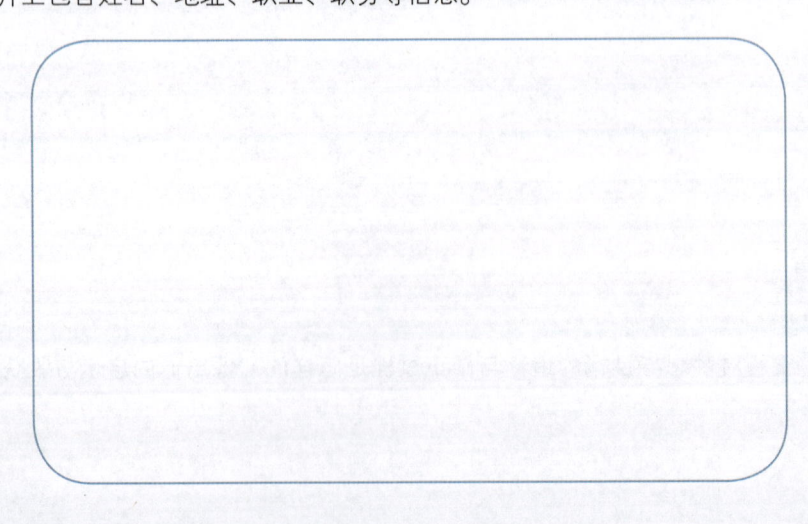

3. 请参照确立目标的内容，依据下表中的例子，填一填。

看得见的梦想

近期目标	措施	可能的困难	解决方案	完成时限
期中英语阅读成绩提高5分	每天做两篇阅读理解	时间紧，作业多	每天早起10分钟	2019年9月10日至2019年10月30日

意志强心剂

我们每个人都有自己的理想,从小到大,有的人一步步朝着既定的理想迈进,而有的人的理想却像天边的星辰可望而不可即。生活的周遭,什么难题都有,有些人撑不下去,有些人挺了过来,其重要原因就在于意志上的差异。坚定的意志能给人以强大的精神力量,历史上有成就的人,无论是艺术家、科学家还是政治家,他们在取得成就的过程中意志都在发挥着作用。

什么是意志

意志是人自觉地确定目标,并支配行动、克服困难、实现目标的心理过程。人们以实际行动实现目标时,可能会遇到各种各样的困难,要克服这些困难，就需要有意识地做出意志上的努力。

古希腊有个著名的哲学家叫苏格拉底，许多年轻人慕名前去拜师学艺，希望成为像苏格拉底那样有智慧、有思想的人。他们当中有的非常有天赋，有的非常聪颖。有一天，苏格拉底对他的学生们说："今天我们做一件事情，每个人都把胳膊尽量往前甩，然后再尽量往后甩。"苏格拉底一边说一边示范了一遍，继续道："从今天起，大家每天做这个动作三百下，能做到吗？"学生们都笑了，这么容易的事怎么会做不到？

过了一天，苏格拉底问学生："昨天甩三百下胳膊的人请举手！"所有学生都举起了手。苏格拉底微笑地点点头。过了一周，苏格拉底再问："谁昨天甩胳膊三百下？"有一半的学生举手。一个月后，苏格拉底又问："哪些人还坚持每天甩胳膊？"有十几个学生自豪地举起了手。

一年之后，苏格拉底又一次问大家："谁还坚持每天甩胳膊三百下？"整个教室里都安静了，只有一个学生举起了手，他就是后来成为古希腊哲学家的柏拉图。

柏拉图的过人之处绝不是因为他每天坚持甩三百下胳膊，而是他在无人监督的情况之下严格自律，持之以恒，没有轻易放弃，表现出自觉、坚韧的意志品质。在生活中，自觉性强的同学往往能自觉地确定目标，不需要他人督促就能完成某项任务，在行动中不易受到外界的影响，但也不拒绝合理的建议，有较强的独立自主性。与自觉性相反的意志品质是易受暗示性与武断从事，表现为：行动缺乏主见，没有信心；容易受别人左右，而轻易改变自己原来的决定；对问题不做深入、细致的分析，盲目自信，拒绝他人的合理意见和劝告，武断从事。

坚韧性是指坚持不懈地克服困难、永不退缩的品质，在实现目标的过程中能长期以饱满的精神与困难做斗争。坚持看似容易，却又是最困难的。正如上文故事中甩胳膊的动作，只要愿意，人人都能做到，但真正能坚持做到的却是少数。与坚韧性相反的品质是虎头蛇尾和顽固执拗，表现为：遇到困难就退缩，做事只有三分钟劲头；不去适应变化的环境，墨守成规。同学们，你直观感觉自己的自觉性、坚韧性如何呢？做哪些事情比较坚定，哪些事情容易放弃呢？

此外，意志品质还包括果断性和自制性。果断性指能迅速而合理地做出决定、采取行动的品质。这需要一个人对要完成的事项有清晰而深入的认识，善于敏锐观察。与果断性相反的品质是优柔寡断和草率决定，表现为：遇事犹豫不决，患得患失，顾虑重重；遇事分不清轻重缓急，思想斗争时间过长，执行决定也是三心二意；凭一时冲动，不负责任地做出决断，不考虑行动的条件和后果。你有拖延的毛病吗？你在做哪些事情的时候容易拖延？有没有不拖延的时候呢？你体验过拖延的害处吗？学完本课希望你能找到战胜拖延的方法。

自制性指善于管理和控制自己情绪和行为的能力。与自制性相反的品质是任性和怯懦，表现为：自我约束力差，不能有效地调节自己的言论和行动，不能控制自己的情绪，行为常常被情绪支配；遇到困难或突发情况时惊慌失措，畏缩不前。

你的意志力是高还是低呢？你在学校和在家里的表现有差异吗？不妨对照下面的意志力阶梯，看看自己在哪一阶梯。是"拖延者""中途下车者"还是"意志力国王"呢？你希望自己到达哪个阶梯？

9. 意志力国王
8. 长跑冠军　9. 意志力超强
7. 勇士　8. 意志力强大
6. 慢跑　7. 喜欢挑战，不喜欢平庸的生活
5. 中途下车者　6. 意志力较强，朝着目标前进，但速度慢
4. 起跑者　5. 实施了很长时间，但不能坚持到底
3. 拖延者　4. 心血来潮对某件事情很着迷，坚持不了多久
2. 奴隶　3. 喜欢找借口，把事情拖到明天做
1. 零级　2. 做事情不主动，总被别人驱动才做
1. 意志力薄弱，不想做什么事情，混日子

（资料来源：弗兰克·哈多克著，高潮译：《意志力训练手册》，中国发展出版社，有删改）

影响意志的因素

是什么影响了我们的意志？为什么有的人意志坚强，有的人意志薄弱呢？

意志是在有目的的行动中表现出来的，一般来说，目的越崇高、越明确、越坚定，所激起的意志水平就越高。意志总是与克服困难、排除干扰相联系。人在行动过程中，如果产生了与原有目的相背离的愿望和要求，或出现懒惰、胆怯、过度紧张、缺乏信心等消极心理，就会阻碍原有目的的实现。比如你正在做作业，同学喊你一起出去玩儿，在这种情况下你就面临着选

择，是静下心来完成作业，还是加入热闹的游戏。此外，意志水平还受到外部因素的影响，但意志坚强的人往往能够认真分析实际情况，找出适当的办法。比如近期总是下雨，于是每天到操场跑步锻炼的计划就难以完成，那么你可以调整计划，通过做操、跳绳、打乒乓球等可在室内进行的运动来代替。下面是同学们不能坚持的常见原因。

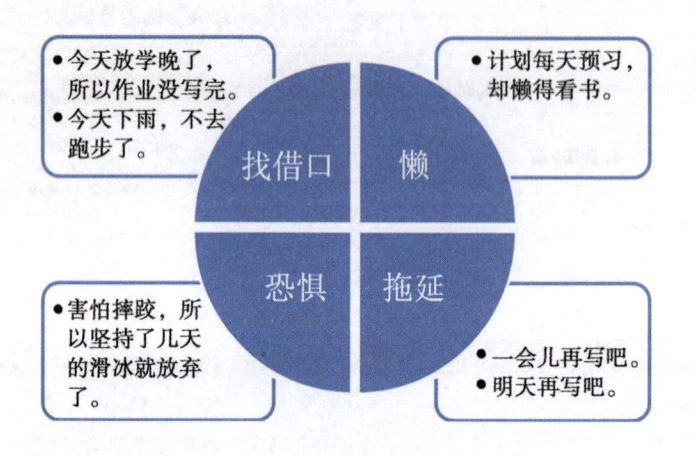

```
找借口：
• 今天放学晚了，所以作业没写完。
• 今天下雨，不去跑步了。

懒：
• 计划每天预习，却懒得看书。

恐惧：
• 害怕摔跤，所以坚持了几天的滑冰就放弃了。

拖延：
• 一会儿再写吧。
• 明天再写吧。
```

意志不坚定最重要的原因是没有下定做某件事情的决心，也就是说，并不是真心想做成某件事情，所以才坚持不下来、半途而废或者仅有三分钟热度。或许很多同学都有找借口、拖延任务的时候。但是我们也有坚持下来的故事，当我们想起这些故事，我们就会从中获得力量。我们听听一位同学的真实故事吧。

每当看到我学舞蹈的照片，那段经历就一一浮现在眼前。其中既饱含着台下练舞的辛酸，又饱含着登上舞台的喜悦。

我5岁时，妈妈带我去看了一次舞蹈表演，看着大姐姐们那曼妙的舞姿，我不禁陶醉了，沉浸在那优美的乐曲和美丽的舞蹈中。就这样，一颗想学舞蹈的愿望种子慢慢地在我心中发了芽。我下定决心，一定要学舞蹈。我坚信自己一定可以做好。

可是刚去学的第一天，我的兴致就像火被水浇灭了一样。我以为很快就能登上舞台，可没想到老师却让我压腿、踢腿，练基本功。令我尤其痛苦的是压腿，太疼了，为此我哭了好几次。但是看着别人都做得很好，我决心要刻苦练习。我请老师帮我压胯，疼的时候我忍着，老师和同学一直在旁边鼓励我，让我很感动。老师一点点地增加强度，胯一点点地往下，再往下，终于，我做到了。我很开心，老师夸我很棒。老师让我们压腿10分钟，而且腿不能弯。偶尔我的腿会弯一下，老师就用戒尺来打。漫长的10分钟过去后，我瘫软在地上，感觉脚快要抽筋了。从那以后我除了在舞蹈班里练，每天在家里也练。这段经历非常的痛苦，但更让我懂得了遇到困难时要坚持的道理。

看完了这个故事，你是不是有所感触呢？闭上眼睛静静地想想，回忆你在成长经历中印象最深的靠意志做到的事情。可能是有一段时间每天坚持练习滑板车，也可能是在学习某种乐器的时候付出了很多的辛苦和努力，或者其他任何方面的经历。你会发现原来自己也有意志坚强的一面，不管是他人的督促还是自己的激励，总之，自己坚持下来了。这时你要好好感谢那个曾经努力的自己，因为当初的坚持，所以现在掌握了某种技能，学会了某种乐器，或者在某些方面取得了进步。暂时想不到的同学就请家长或者其他伙伴帮忙一起找找你的意志力故事吧！

提高意志力的方法

意志是在实践中逐渐培养起来的，你想过有哪些方法能提高意志力吗？接下来我们给同学们介绍几种训练意志力的方法，不妨一试。

1. 下定决心

有这样一句励志名言：成功有三个最重要的秘诀，第一个就是下定决心，第二个还是下定决心，第三个还是下定决心！

一个小男孩在10岁时遭遇了火灾，当人们把他从大火中救出来时他的下半身已被严重烧伤。神志不清的小男孩躺在病床上，隐约听到医生与他母亲的谈话："你儿子估计活不了多久了……"但他并不想死，他想要活下来。让医生感到不可思议的是，他居然活了下来。

有一次，他又听到医生说，他要残疾一辈子了，因为他的双腿无法再活动。可是他不想一辈子坐在轮椅上，他要走路。但事实是，他腰部以下无法做任何动作，双腿没有一点儿知觉。后来小男孩出院了，母亲每天给他按摩，但没有任何作用。可是他并没有放弃，他还是想站起来。

一个温暖的早晨，母亲推着他到外面转转，他坚持不坐轮椅，从轮椅上挣扎着扑下去，拖着双腿，在地上爬行。他费力地爬向围栏边，爬了好久，终于抓住了围栏，吃力地一点儿一点儿地让自己的身体直立起来。接着，他开始扶住围栏，一根栏杆一根栏杆地把自己向前拖。他就这样每天都坚持着，他只想着有一天能自己走路。

终于，靠着无比顽强的毅力和决心，他自己站了起来，之后，他又能不扶栏杆摇摇晃晃地挪动，后来，竟然能跑了。

每个人的人生都不会是一帆风顺的，都会碰到各种各样的挫折和困难，而坚定的毅力和决心，正是让人们走出困境的助推剂。下次当你觉得困难重重、没有信心的时候，想一想故事里的这个小男孩，就会让自己充满能量。

有时候，人们往往不愿意改变是因为维持现状是最简单的，而改变需要很大的勇气和付出。美国心理学教授詹姆斯·普罗斯把实现某种改变分为四步：

一是抵制——不愿意改变。

二是考虑——权衡改变的得失。

三是行动——通过培养意志力来实现改变。

四是坚持——用意志力来保持改变。

如果你正在某个困境中，或者在抱怨自己成绩不如意时，请审视自己：现在我想有所改变吗？我是百分之百地想要改变吗？决心到底有多大？将你想完成的事情及下定的决心写在下面的表中。

序号	想实现的愿望	决心大小（最大 100）

2. 确定目标

明确、可行的目标会为行动指出正确的方向，会让人在实现目标的道路上少走弯路。没有目标或目标过多，都会阻碍我们前行。如果目标不切实际，实现起来会遇到过多的困难，容易使人丧失信心和勇气，最终可能一事无成。

制定目标的方法：

（1）**分解目标**。目标是需要分解的，制定目标的时候，要有最终的总目标，如成为世界冠军，更要有明确的绩效目标（小目标），如在某个时间内成绩提高了多少。最终目标是宏大的、引领方向的目标；绩效目标从属于最终目标，是我们应该最先实现的目标。

日本有个马拉松运动员叫山田本一。他曾在两次国际马拉松比赛中获得世界冠军。别人问他为什么会取得这样的成绩，他说："凭智慧战胜对手！"马拉松比赛主要是靠体力和耐力取胜，因此大家对山田本一的回答，并不是很满意。

后来这个谜底在山田本一的自传中被揭开了。他在自传中这样写道："比赛之前，我都要亲自走一遍比赛的路线，并把沿途醒目的建筑或标志记下来，比如第一个标志是商店，第二个标志是大楼，第三个标志是石狮子……比赛开始，我就奋力地冲向第一个目标，然后，又以同样的速度冲向第二个目标。我把很长的一段路程，分成一小段一小段，跑起来就不觉得累了。"

通过这个故事，你一定理解了总目标与小目标的关系，下面就把一个你最想达成的总目标进行分解。

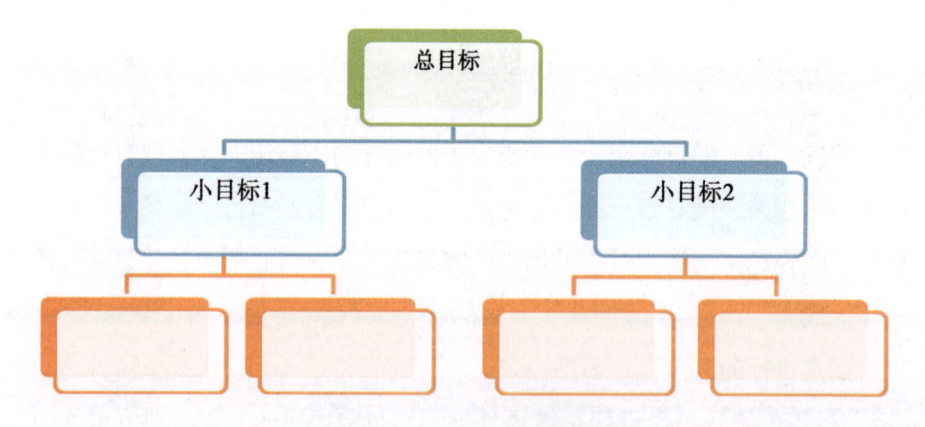

（2）**小目标要具体**。制定的小目标要具体而明确。不要说"我要每天跑步""我要在明天多跑段距离""我计划多读一点儿书"等诸如此类空洞的话，而应该告诉自己"我要坚持每天晚上8点跑3000米""我要在明天比今天多跑1000米""我计划在每周一、三、五的晚上读一个小时的书"等。这个目标不能设定得过高，最关键的是你要坚持下来。万事开头难，如果第一个月你能够坚持下来，那么恭喜你，你已经初步培养了意志力，接下来做的仍然是坚持下去，不过从这时候开始你要根据自己的情况给自己增加强度了，标准和设定初期的目标一样，不能偏高也不能偏低。告诉自己这样做的好处，并把好处画成图片或者写成醒目的文字贴在显眼的地方。这样就容易坚持。

培养意志力的具体目标还可以是：

- 刷牙一定要刷够 3 分钟。
- 坚持每天读一篇有深度的文章。
- 每天爬 100 级楼梯。
- 每天向 10 个以上的人微笑和赞扬。
- 经常对自己说：我是一个有意志力的人！我能圆满地完成自己每天的任务，获得应有的成长。我能控制我的情绪和欲望，让它们朝着积极的方向发展！
- 蹲马步。每天记录自己蹲马步的时间，每天增加 1 秒。

…… ……

经过一段时间后，你会发现自己的意志力已经很强了。

3. 权衡利弊

权衡利弊是指就一件事或一个决定要考虑、衡量其影响或结果是有益的还是有害的，通过对比分析做出合理的判断。

鹬蚌相争，渔人得利

从前有一只很久没上岸的河蚌，在一个暖和的午后，爬到岸上舒服地晒太阳，一只鹬看到后馋坏了，想好好地美餐一顿，于是悄悄落在离河蚌最近的地方，快速伸出长长的嘴巴去啄河蚌的肉。没想到河蚌迅速用力把蚌壳一合，紧紧地夹住了鹬的尖嘴。

鹬吓了一跳，但还是故作镇定，心想："哼哼，小样儿，我看你还能在太阳下活多久！早晚你得被晒死。"河蚌也毫不让步，心中盘算："我倒要看看你能活多久，我不松开你的嘴，你就等着饿死在这里吧。"

它们就这样僵持着，谁也不肯让步。过了一会儿，一个渔翁发现了它们，高兴地捉住它们带回家了。

从这则寓言我们应该认识到，不论干什么事情，都要全面、周密地思考，权衡利弊得失后再行动。否则，为了一点点利益，必定会做出鹬蚌相争的蠢事来。

在我们的学习生活中，既想学习好，又想非常轻松、不肯下功夫，那是不太可能的，所以同学们要学会权衡利弊，就像下表中分析的那样，学会放弃一些什么，然后才可能有收获。

需权衡的事物	短期收获	短期损失	长期收获	长期损失
不玩儿手机	快速完成作业	不能及时看到朋友信息	学习成绩提高	无

4. 延迟满足

所谓"延迟满足"，就是"忍耐"。我们先来看一个心理学实验：

美国的心理学家曾在一个幼儿园开展了著名的"延迟满足"实验。研究人员给每一个参加实验的孩子发一颗好吃的软糖，并告诉他们：可以马上吃掉这颗软糖，但如果等待15分钟再吃，还可以再得到一颗糖作为奖励。随后实验人员离开房间，通过单向透视镜对孩子的行为进行观察。他们发现：有的孩子只等了一会儿就不耐烦了，有的孩子根本没等就吃掉了软糖，这些孩子被叫作"不等者"；有些孩子把糖拿到嘴边闻闻，又放了回去，他们想各种办法来转移注意力，比如捂上眼睛不看糖、玩捉迷藏、唱歌、跑来跑去等，最后顺利地在 15 分钟后吃到两块软糖，这些孩子被叫作"延迟者"。

能够延迟满足的孩子为了得到两颗糖做了哪些努力？心理学家发现，自我控制的秘诀在于"转移注意力"。那些肯等待的孩子不会一直盯着软糖，他们通过捂住眼睛、玩捉迷藏或唱歌等使自己暂时忘记软糖的诱惑。

得到两颗糖的孩子与得到一颗糖的孩子在未来几十年后有什么不同呢？过了八九年，实验中的孩子成了青少年，研究人员发现："不等者"更多地表现出孤僻、固执、易受挫、优柔寡断的性格倾向，"延迟者"较多地成为适应性强、具有冒险精神、受人欢迎、自信而独立的青少年。在学习方面，"延迟者"比"不等者"的平均成绩高。在后来几十年的跟踪研究中，那些有耐心等待吃两颗糖果的孩子在事业上更容易获得成功，家庭也更幸福。

实验说明，那些能够延迟满足的孩子自我控制能力更强，即使在没有外界监督的情况下他们也能控制自己，抑制冲动，抵制诱惑，坚持不懈地实现目标。延迟满足并不是没有满足，而是为了追求更大的目标，对矛盾的内心期望和需要加以权衡，克制自己的欲望、放弃眼前的诱惑，让满足来得晚一点儿。

5. 避免影响

意志力薄弱的同学，其专注力也很差，往往抵抗不了外界的干扰，比如正在写作业，一个短信、一个电话就会对他产生巨大的干扰，无法集中精力。但是注意力是可以通过有意识的锻炼逐渐提高的。

射击运动是非常需要专注力的一个项目，稍微分神儿，就可能打偏。

射击教练为了提高运动员的抗干扰能力，会想一些有效的办法。比如会在靶心上方的大屏幕上播放音乐剧或电影片段，而且声音非常响亮，在这种环境下运动员经过长期训练，可以丝毫不受干扰，从容地举起枪，深呼吸，保持平稳，然后扣动扳机。教练说："对射击运动员最大的要求就是保持稳定性，不能被场外干扰所影响。有的队员曾因场外观众的声音太大而出现了失误，所以我要通过这种方式来训练他们，一开始他们并不适应，后来就习惯了。"

这是一个在纷乱的环境中保持镇静的例子。大家应该也听说过毛泽东在闹市中读书的故事吧。

毛泽东在求学时严于律己，养成了一种习惯——常拿着书到离学校不远的闹市去读。虽然大街边的环境嘈杂喧闹，但他抛开这些外界因素，坚持学习，时间久了就逐渐适应了，不再受到周围环境的影响。他以此作为考验，培养自己的注意力，使自己在学习时心绪不受外界干扰，在任何时间和场所都可以很好地学习。

所以如果你想锻炼自己的专心程度，你可以尝试在嘈杂的环境中读书。另外，在学习的时候，你会发现有许多影响你学习的因素，比如手机、玩具、课外书等，怎么避免被影响呢，这就需要一些方法，比如把它们收起来，或有意识地让自己屏蔽掉一些信息等。

6. 激励暗示

你自己在学习或交友等方面会受到他人的积极影响吗？

有一个法国中年人，他经历了离婚、经商失败后觉得自己活得毫无价值，开始变得自暴自弃，性格也越来越古怪。一天，他在街头遇到了一个陌生人。陌生人看了看他，突然激动地握住他的手，说："你是个很了不起的人！"他有点惊讶："我了不起？你没开玩笑吧？！"他心里想：我都成倒霉鬼了，我还了不起呢。陌生人平静地说："您非常有勇气和智慧，而且您的长相与拿破仑非常像。您的未来可不得了！五年后，您将是法国最成功的人啊！"

他虽然不相信陌生人的话，但对拿破仑有了极大的兴趣。他找了很多与拿破仑有关的书来看。后来他慢慢发现其他人都用另一种眼光、另一种表情对他，生活好像有了转机。后来他才意识到变化的不是别人，而是他自己的行为、思维模式都在模仿拿破仑。十几年后，他成了亿万富翁。

这就是榜样和自我暗示的力量。当我们坚持不下去的时候可以找一个榜样来激励自己，看着别人坚持下来，自己就会受到激励。你也可以把自我激励和暗示的言语写下来，贴在显眼的地方，每天看一看，就会从中获得力量。

7. 他人监督

有时候坚持做一件事情确实很困难，比如坚持学钢琴，可能刚开始很多同学怀着兴趣去学习，但学到一定阶段，就觉得枯燥了。这时候特别需要家长和他人的监督督促，让我们继续坚持下去。也许我们将来不能成为钢琴演奏家，但是我们会从坚持练习钢琴的过程中磨炼毅力，提高对音乐的感受力和鉴赏力。所以如果你想做成某件事情，又没有太大信心坚持下去，不妨找人监督自己吧。

8. 拒绝借口

很多时候我们坚持不下来是因为我们总是给自己找借口。比如一位同学计划每天饭后散步,但第一天有精彩的电视节目,不去了,第二天作业多,也不去了,第三天又因为其他的事情,又不去了,散步这件事情就这样搁浅了。

怎么办呢?加倍偿还是一个避免找借口的方法。比如按计划你今天要跑步半小时,但是因为今天下雨,所以你可以在明天跑步一个小时,补上今天没有跑的时间。

大家还要注意避免心理许可,所谓"心理许可"就是允许自己做一次。比如你打算写作业时不看手机,可是写着写着你就想看手机了,于是你在心里说"我就看一分钟";或者你为了牙齿健康拒绝吃糖,但是你又告诉自己偶尔吃一点儿没关系……就是这样一点一点地允许,让你的意志信念大厦轰然倒塌。所以决定坚持的事情,就不要破坏规则。

通过以上的学习,你有哪些需要坚持的事情呢?不妨做做下面的练习,看看自己的意志力能否提高。

练习与拓展

一、想一想

1. 同学们,从小到大的经历中你有哪些意志坚强的故事呢?请将它记录下来。

> 我的故事
>
> 故事梗概:
>
> 最艰难的时候你是怎样继续坚持下去的?
>
> 能坚持下来你觉得最重要的原因是什么?

2. 目前你实现目标的时候又会受到哪些诱惑呢?

A 同学:我想按时交作业,可是网络诱惑太大,一回家就玩游戏,就没有时间做作业了。

B 同学:考试前的复习没有坚持下来,因为我特别想出去玩儿。

C 同学:我在周末想先完成作业再玩儿,可是一看到手机就把原来的计划放一边了。

随着手机的普及和手机功能的日益强大,现在同学们面临的最大诱惑恐怕就是手机了。很多同学与手机时刻不离,回家写作业把手机放在手边,一会儿打游戏,一会儿聊天儿,一会儿发个朋友圈,不知不觉时间流逝,最后发现作业没写完。还有的同学因为玩儿手机很晚才休息,第二天在课堂上昏昏欲睡。

你能通过延迟满足的方法提高自己的自我控制能力吗?

事件	立即满足行为	延迟满足行为	转移注意力的方法
吃糖	立即就吃到一颗糖	等 15 分钟吃到两颗糖	捂住眼睛、玩捉迷藏或是唱歌
玩儿手机	回到家立马就要玩儿		
打游戏	现在要打过第 5 关,之后再写作业		

送给同学们一首改编的诗,共勉。

玩或者不玩

你玩或者不玩,时间就在那里,不停不歇。

你打或者不打,游戏就在那里,不多不少。

你想或者不想,诱惑就在那里,不增不减。

你坚持或者不坚持,未来就在你手里,不远不近。

被诱惑控制,或者让信念住进你心里,坚韧,惜时,平静,学习。

二、做一做

写一个你特别想坚持的事情,学习方面或其他方面都可以。比如每天跑步、回家先写作业、上网不超过1小时、每天练琴、每天预习复习、上课回答问题、每天刷牙两次等。

我的坚持计划表

特别想做成的事情	坚持时间	抵制诱惑	可能的借口;拒绝借口	加倍偿还	权衡利弊	自我激励	促进坚持的其他办法
每天读课外书半小时	1年	回家后把手机暂时交给家长保管	作业太多了;不行,再多也要读	今天如果不读,明天读一个小时	读书的益处:既能增加我的课外知识,又能锻炼我的意志。不读书的害处:知识匮乏,什么都不知道	我一定能坚持下来,加油!	与家长一起读或跟朋友一起读,并每天分享自己的感受和收获

大海接纳不完美的小溪，变得宽阔无边；天空接纳不完美的缺月，更显得幽静纯美；高山接纳不完美的矮树，更显得郁郁葱葱。事物如此，人更应这样，接纳不完美的人生，我们才会活得更加精彩。

　　也许你正在为貌不惊人而苦恼，也许你正在为身材不如意而心烦。当你有这些苦恼时不妨读读本章的内容和故事，你会从中找到一些好的办法，找到新的力量。

　　改变能改变的，接纳不能改变的。接纳需要勇气，需要胸怀。

自我悦纳

我的青春期

青春，多么亮丽的字眼，豆蔻年华、花季雨季、活力四射、拼搏勇敢、生机勃勃、美丽简单……都是对青春的描述。我为青春着迷，因为我们充满朝气；我为青春着迷，因为我们充满梦想。

在这个特殊的日子里，我们有快乐，有欢笑，有潇洒，有疯狂，也有惆怅，有悲伤，有忐忑，有迷茫，还会有哭泣。我为青春忧虑，因为伤痛会触及内心；我为青春担忧，因为诱惑偶尔降临。青春不只有绚丽的彩色，也有灰色和黑色，正是由于有了这多样的色彩，我们才得以成长，我们的故事才与众不同。

青春期是一段美丽而曲折的旅程。在最美的青春年华里，有太多的未知。不管是累累的果实，还是满地的荆棘，我们有权利决定是穿越绚烂风景还是无边的荒漠。朝着阳光，前面总有光明。背向太阳，光明也总会跟随。我们需要的是勇气和力量，来走好青春之路。

让我们一起认识、感悟青春，一起探讨青春期可能遇到的困惑，迎接青春的挑战，绽放自我的魅力。

随着年龄的增长，你有没有发现自己的一些变化？

- 突然变得沉默寡言了。父母问一句，你才回答一句，再问就烦了，回自己房间关门并告知家长"不要进来"。
- 有了自己的秘密，开始锁抽屉，在手机和电脑上设置复杂的密码。
- 觉得自己已经是大人了，什么事都能自己解决。
- 开始厌烦父母关于"多穿点儿""注意安全"的种种唠叨。
- 小镜子、小梳子时常装进书包里，或者带到学校，时不时照一照、梳一梳。女生开始关注化妆品，不再满足于马尾辫，喜欢不断变换发型。
- 开始体验与感受一些新鲜的事物，对一些问题有自己的看法，喜欢发表自己的见解。对老师、家长的教育指导，不像小时候那样容易接受，总有一种怀疑的态度：他们说的对吗？喜欢与父母辩论，甚至跟父母吵架，被父母认定为"顶嘴""不听话"。
- 喜欢跟父母对着干，跟老师反着来，逆反心变强。
- 莫名其妙地很烦躁，情绪低落、敏感，喜欢一个人独处。
- 希望成为大人，从父母那里独立出去；希望做一些不一样的事情，让父母看到自己的不同。

…… ……

当你有上面的体验时，恭喜你，你进入青春期了。所有这些行为或体验都是青春期正常的表现。那么，青春期到底有什么特点呢？

青春期特点面面观

1. 独立性和依赖性的矛盾

处于青春期的同学在心理特点上最突出的表现是出现成人感。在生活上，不希望被父母当成小孩子看待，开始希望独立尝试一切，不愿受父母过多的照顾或干预，否则便产生厌烦的情绪；对一些事物是非曲直的判断，不愿意听从父母的意见，有自己的主意；对一些传统的、权威的结论持不同观点。但由于在很多方面如经济、生活、情感和学习上还得依赖父母和老师，还不能自由地支配自己的时间、行为和生活，遇到困难时，又不得不从父母师长那里寻找方法、途径或帮助。

2. 成人感与幼稚感的矛盾

有的同学会出现成人感——认为自己已经成熟，长成大人了。因而在行为活动、思维认识、社会交往等方面表现出"成人"的样子；在心里，渴望别人把自己看作大人，希望获得他人的尊重和理解。但由于年龄不足、社会经验和生活经验及知识的局限性，在思想和行为上往往较盲目，带有明显的小孩子气、幼稚感。

3. 开放性与封闭性的矛盾

有的同学可能变得不爱讲话，往往把真实的思想隐蔽起来，把话埋在心里，如果家长问起学校里的事，态度上显得不耐烦，或者冷冰冰地三言两语就讲完了。但他们需要与同龄人，特别是与异性、与父母平等交往，渴望彼此间敞开心灵来相待。由于每个人的性格、想法不一，他们的这种渴求有时候找不到对象，只好将心里话"诉说"在日记里，又由于自尊心，不愿被他人所知道，于是就形成既想让他人了解又害怕被他人了解的矛盾心理。

4. 渴求感与压抑感的矛盾

这一时期由于性的发育和成熟，出现了与异性交往的渴求。比如喜欢接近异性，想了解性知识，喜欢在异性面前表现自己，甚至出现朦胧的爱情念头等。但由于学校、家长和社会舆论的约束、限制，青春期的少年在情感和性的认识上存在着既非常渴求又不好意思表现的压抑、矛盾状态。

5. 自制性和冲动性的矛盾

这一时期的同学在心理独立性、成人感出现的同时，自觉性和自制性也得到了加强，在与他人的交往中，他们主观上希望自己能随时自觉地遵守规则，但客观上又往往难以较好地控制自己的情感，有时会鲁莽行事，使自己陷入既想自制又易冲动的矛盾之中。比如情绪变化明显，容易生气、焦虑、不安，情绪易出现两极分化，心情时好时坏，忽而热情似火，忽而消极沉闷。

6. 自我意识增强

有的同学可能会出现一些独特的心理——"假想观众"和"个人神话"。这样的心理倾向导致了对自我意识的强调、对他人想法的过度关注和对现实和想象情境中他人反应的预期。"假想观众"就是认为自己像时时刻刻在舞台上表演的演员，其他人都是时时刻刻注视自己的观众，格外在意自己留给别人印象，对别人的评价表现出担心和不安，也特别期待他人的赞美。经常自问："别人会不会喜欢我啊？""我这样做好不好啊？""别人会怎么想呢？""个人神话"的心理往往认为自己的情感和体验是与众不同的，相信自己非常独特而且有别人没有的能量和力量。"个人神话"被划分为"独一无二""无懈可击""无所不能"三个部分。"独一无二"观念是指认为自己非常特殊，没人理解；"无懈可击"观念是指认为自己不可能受到伤害;"无所不能"观念是指认为自己有着特殊的能力或影响力。

7. 性意识骤然增长

青春期一个很大的特点是情窦初开:在生理上,第二性征的发育出现了男女身体形态上的性别差异和特征;在心理上,同学们逐渐意识到两性的差异,由此引发对异性的关心。这些都促进了性意识的发展,如在集体活动中,男生总希望并设法引起女生对自己的注意,往往喜欢在所钟情的女生面前逞能,以展示自己的才华;开始注意修饰仪表,讲究发式、服装等;留心自己被异性怎样评价,观察异性对自己的反应;开始注意、倾听、理解、揣摩自己所钟情对象的言谈、举止、心情和情绪,总希望能为对方做点什么,不愿意在异性面前受人批评、指责。

美国心理学家赫洛克把青春期的性意识分为四个时期:

第一个时期是疏远异性的"性反感期"。这是因青春期的生理变化,对性产生了不安、害羞和反感的想法,认为男女之间密切接触是不纯洁的表现,于是对异性采取回避、冷淡和粗暴的态度。

第二个时期是向往年长异性的"牛犊恋期"。这就像小牛犊恋母似的倾慕于所崇拜的年长异性的一举一动。"牛犊恋期"的表现一般只是默默向往,而不会爆发出来成为真正的追求和恋爱。

第三个时期是积极接近异性的"狂热期"。这一时期一般只把年龄相当的异性作为向往的对象,在各种集体活动中,男生、女生都努力设法引起异性对自己的注意,尽量创造机会与自己中意的异性接近,但由于双方的理想主义成分都太高,接近的异性对象也会经常变换。

第四个时期是青春后期的"浪漫恋爱期"。"浪漫恋爱期"的显著标志是爱情集中于一个异性,对其他异性的关心明显减少了。这段时期,男生女生都喜欢与自己选择的对象在一起,如想方设法单独约会。

自我同一性发展

进入青春期，同学们的心理和身体都经历着"疾风怒涛"般的变化，对自身的关注变得敏感，经常思考诸如"我是谁""我想成为什么样的人"等问题。这就是自我同一性。

自我同一性是指一个人在寻求自我的发展中，对自我的确认和对有关自我发展的一些重大问题，比如理想、职业、价值观、人生观等的思考和选择。自我同一性的确立，意味着个体对自身有了更充分的了解，能够将自己的过去、现在和将来组合成一个有机的整体，确立自己的理想与价值观念，并对未来自我的发展做出自己的思考。

如果自我同一性发展不好，就会出现同一性扩散。日本著名精神分析学家小此木启吾认为同一性扩散主要表现为以下特点：

1. 同一性意识过剩

片刻不停地考虑自己"是什么人""该怎么做"等问题，本人完全被这样的一些问题束缚，从而失去自我。

2. 回避选择的麻痹状态

觉得自己无所不能，或幻想自己什么都可以做成，从而无法确定或限定自己能做什么，反而自己能做的事情也做不成，无法做出选择和决断。只能不断地回避选择和决断，陷入一种麻痹状态。

3. 与他人的距离失调

无法与他人保持适当的距离，或拒绝与他人交往，或被他人所孤立。

4. 时间前景的扩散

不相信机遇的到来，不相信未来有很多可能和希望，觉得前途毫无希望，限于一种无力的状态。

5. 勤奋感的扩散

勤奋的感觉崩溃，无法集中精力于工作和学习，或发疯似的埋头于单一的活动。

消除烦恼，悦纳自我

在青春期，我们常会被一些问题所困扰，使我们烦恼万分，甚至因不能及时解决这些问题而造成自信缺失、自我排斥。那么，我们常遇到哪些问题呢？又该怎样正确认识这些问题呢？

1. 外在美与内在美哪个更重要？

让我们一起来读读菲菲的故事，看看自己有没有跟她类似的经历。

菲菲自从上了初中以后就特别在意自己的外貌，发型一天换好几个，下了课就喜欢照照镜子、梳梳头，有时上课也会不自觉地拿出镜子照照。她还利用压岁钱买了好多的化妆品，如假睫毛、假发、粉底液等，妈妈有的她一应俱有，妈妈没有的她也有。她一到周末就用大量的时间来化妆，然后把自拍照发到朋友圈，等着同学来点赞。有时甚至都没有时间写作业了。

其实，特别注重自己的外在形象就是自我意识增强的表现。这样的表现会不会赢得同学的欣赏呢？我们来看看同学们心目中欣赏的女生、男生到底具备什么样的特征吧。

男孩欣赏的女孩
- 脸上经常有笑容，温柔大方。
- 活泼不疯癫，稳重不呆板。
- 心直口快，朴素善良。
- 聪颖，善解人意。
- 纯真不做作。
- 能听取别人的意见，自己又有主见。
- 坦然，充满信心和朝气。
- 不和男生打架。
- 有个性。

男孩不欣赏的女孩
- 扮老成。
- 长舌头，对小道消息津津乐道。
- 自以为是，骄傲自大。
- 啰啰唆唆，做事慢慢吞吞。
- 小心眼儿，爱大惊小怪。
- 疯疯癫癫，不懂自重自爱。
- 喜欢和男孩找碴儿、打架。
- 动不动就流眼泪。
- 自以为"大姐大"，笑起来像鬼叫一样。
- 爱臭美。

女孩欣赏的男孩
- 大胆、勇敢。
- 幽默诙谐。
- 思维敏捷，善于变通。
- 好学。
- 团结同学，重友情。
- 集体荣誉感强。
- 有主见。
- 热心助人。
- 有强烈的上进心。
- 勇于承担责任，有魄力。

女孩不欣赏的男孩
- 满口粗言。
- 吹牛皮。
- 小气，心胸狭窄。
- 粗心大意。
- 过于贪玩。
- 喜欢花钱。
- 小小成果便沾沾自喜。
- 过于随便。
- 鲁莽、冲动。
- 懒。

由此可见，大家真正欣赏的是具有很多内在优秀品质的人，而不是仅有美丽外表的人。外在的美可以通过化妆来修饰，主要表现在皮肤好、五官漂亮、身材苗条……但这些却无法反映一个人的内心，而且会随着时间而消逝，对外在美的过分追求也会占用学习和思考的时间，使人变得愚蠢、傲慢和懒惰。

内在美是指人的内心世界美，主要表现为心地善良、性格好、心思聪明、冷静、有追求、有毅力、有情趣、有修养等。内在美可以反映到外表，比如体现为着装优雅，气质不凡，透着端庄、英俊或灵秀气。丰富的学识和修养，也是人内在美所不可缺少的。博学多闻、聪慧能干、富有修养的人，总会受人们尊敬、仰慕。试想一下，一个外表恬静俏丽的女子、一个英俊挺拔的男子从外表来看赏心悦目，可一说话言语表达不济，甚至把粗话当成口头禅、做事懒懒散散、毫无逻辑……我们还会喜欢这样一个外表美的人吗？

外表美是天生的资本，但是内在美却是在后天的生活经历中慢慢培养磨炼的。因此无论是男生还是女生都应该内外兼修。因为内在美比外在美所形成的美感更强烈、更持久、更深刻。外在美易于被人发现，也易于被人遗忘，所引起的美感是变动的、不确定的、易逝的，因而也不深刻。

我们来看看小妮的故事。

小妮一直觉得自己不漂亮，所以走路总是低着头。有一次逛街她买了个粉色的发卡，美美地戴在了头上。路上有个陌生人看到后不停地赞美她戴上发卡很漂亮。小妮虽不太相信，但还是很开心，不由得挺起了胸，昂起了头。由于她急着回学校让老师和同学们看看，结果在经过拥挤的人群时与人撞了一下，发卡掉了，但她并不知道。小妮来到学校，刚走进教室，正好碰上了她的老师，"小妮，今天很漂亮啊！"老师欣赏地看着她。那一天，有好多人夸赞她。她想肯定是因为她戴了一个别致的发卡，可当她往镜子前一照，发现头上根本就没有发卡。

那天小妮之所以在学校里受到许多人的赞美，并不是因为她头上戴了发卡，而是因为"发卡"帮她找回了自信。

美丽的容貌、时髦的服饰、精心的打扮都能给人以美感，但这种外表的美总是肤浅而短暂的，如同天上的流星稍纵即逝，而内在的美却不受年纪、服饰的局限，所以塑造自己的内在美，才能让我们的青春永远美丽。

2. 青春偶像，我们崇拜什么？

我们再回到菲菲的故事。菲菲为什么会迷恋化妆呢？因为最近她的偶像要来北京举办演唱会了。她希望偶像能注意到她。她还想把自己攒钱买的礼物和写的信亲手送给偶像。我们看看菲菲写给偶像的信吧。

亲爱的林林：

听说你要来我们这个城市，你知道我有多激动吗？我想告诉你我有多喜欢你！我们家墙上全是你的海报，我买了你所有的专辑，看过你所有的电影，我用所有的压岁钱买了你这次演唱会的门票。我还给你准备了一个大大的礼物，当然现在不能告诉你是什么，我可是省下早饭的钱买的，你可一定要喜欢哦。

…… ……

看了菲菲的故事，你有什么感想呢？你有类似的经历吗？也可能你很不屑：为了偶像连早饭都不吃，至于吗？可是真有"粉丝"因为迷恋偶像而失去了自我，甚至做出一系列极端的事情。

中学时代的杨某是个优秀的学生，一天晚上她梦见自己偶像的一张照片上写着：你这样走近我，与我真情相遇。自此她开始了多年疯狂的追星之路。她的父亲出于对女儿的溺爱，为了女儿的追星梦，不惜卖肾、卖房，最后无奈之下跳海自杀。父亲的去世最终使她醒悟，但这样的代价太惨痛了。

请大家想想，自己到底崇拜偶像的什么呢？因为他长得帅，她长得漂亮，还是因为他们的才华？

当我们崇拜一个人的时候，要多想想为什么喜欢他、崇拜他，任何一个人的成名都不是偶然的，多了解一下他（她）背后的故事，也许你会从中受到启发。

偶像崇拜，本是一种心态，是心有所属的精神寄托。健康的偶像崇拜，会使人获得精神力量，百折不回，受益终身；不健康的偶像崇拜，则会使人产生不切实际的幻想，导致精神意志的颓丧，误人一时或一生。所以，我们不应该仅是关注偶像的服饰发型、举手投足、一颦一笑，而应该学习其执着追求、勤学苦练、顽强奋斗、百折不挠的精神。变青春偶像为精神动力，这样才具有意义。

3. 情感萌动怎么办？

孩提时代，男孩女孩间毫无顾忌地在一块玩儿，两小无猜。到了青春期，他们的内心深处不由自主地萌发着某些朦胧的情感。

男生聚在一起除了谈论足球、篮球、游戏，又加了一个新的话题，就是"你喜欢哪个女生"。女生聚在一起时也开始议论哪个男生对哪个女生有意思，哪个女生收到了情书。情窦初开的同学们不再淡定，班里也时常传出谁和谁好了的"绯闻"或事实，哪怕正常地问异性同学问题，或多说一句话，也会被同学们乐此不疲地开着玩笑。被开玩笑的同学有的会因为被误会很生气，有的会不客气地甩给同学一句："你有病吧？"

那么，如何面对同学间的"绯闻"呢？

千万不要真生气，这是青春期情感萌动的结果。如果你特别不希望被传"绯闻"，可以尽量避免一对一的行动，或者不予理会。你也可以很严肃、很郑重地跟对方说："我不希望你再说我们！"如果已经对你造成伤害，可以求助老师或家长来解决问题。

当然最激动、最让人辗转反侧、犹豫不决、怦然心动、失魂落魄的还是喜欢上一个人或收到烫手情书的那一刻。

"菲菲，每次我都盼望着能看到你，看到你后又特别紧张，不知道说什么好，脑子里总是浮现出你的影子，我真的爱上你了，做我女朋友吧！"

这句话在若迪心里琢磨了好久，纸条已经写了几天，还在犹豫着，要不要送出去呢？表白还是不表白？表白了被拒绝怎么办呢？可是不表白，内心又特别难受，上课也心不在焉，连打游戏都不能集中精力。表白后菲菲要是不理我了我岂不是一点儿机会都没有了。可是如果不表白，菲菲被别人抢走了怎么办？若迪左右为难：表白还是不表白，真是个问题。好哥们儿都给他建议……

如果你是若迪的好朋友，你会怎么建议他呢？

A 同学：表白吧，大不了被拒绝。有爱就要说出来，憋在心里多难受。

B 同学：不要表白，被拒绝多没面子，如果做不成朋友，你和菲菲以后见面多尴尬，还是藏在心里吧。

若迪在好哥们儿的鼓励下，决定要表白了。视死如归的感觉都有了。他怀着忐忑而期待的心情把情书偷偷放到了菲菲的书底下。

收到滚烫的情书，菲菲的内心像有只小兔子在怦怦直跳。怎么办？怎么办？我到底要不要接受他呢？他长得那么帅，对班级同学也特别热心，如果我不同意，他就会追别人了。如果我们在一起了，就会有人关心我，有什么心里话可以跟他诉说，会有人保护我，放学还有人等我，送我回家。想到这里，菲菲红润的脸上洋溢着幸福的表情。如果我接受了，老师、父母知道了，我该怎么面对他们呢？如果我们在一起了，会不会影响学习？接受还是不接受，也是个问题。她把这个秘密告诉了最好的几个姐妹。

如果你是她的好姐妹，你会怎么建议她呢？
C同学：接受，多一个人照顾自己，保护自己。
D同学：不接受，恋爱影响学习。

菲菲终于还是决定接受若迪的表白，于是他们两个走到了一起，放学经常一起走。菲菲也享受着若迪无微不至的关心和爱护，有什么心里话也可以跟若迪讲，特别是跟父母闹意见时，若迪也会非常耐心地开导她。菲菲觉得找到了真爱，满满的都是幸福。可是过了一个月，菲菲发现若迪好像没有以前有耐心了，每次菲菲找他，他好像都要找借口溜掉。原来，若迪喜欢上了隔壁班的婷婷，听隔壁班同学讲，若迪已经向婷婷表白了。菲菲一开始非常气愤，接着又非常伤心，怎么说变就变了呢？才一个月的时间，想当初的"山盟海誓"哪儿去了呢？说好的"爱"呢？菲菲想不明白到底是哪里做得不好。

同学们，这种事情你们碰到过吗？如果一个男孩喜欢一个女孩一段时间后又喜欢上了别的女孩，你们一定会说这样的男孩太花心。其实啊，这不是花心，而是与青春期情感的不稳定性有关。青春期的男孩女孩喜欢一个人往往是片面的，只看到了某人某个方面的好就以为是全部了，加上冲动的表白，所以就会在短时间内发生情感起伏不定的现象。

那么，情感萌动了到底该怎么办呢？我们一起来做个小测试吧。

有一件易碎的珍品，你觉得交到什么样的人手里最好？

A. 第一次看到就喜欢的人

B. 有一时好奇心的人

C. 用所有的东西来换的人

D. 有条件珍藏并保养的人

第一次看到就喜欢的人有可能会在以后的日子里又看上别的珍品，厌倦了这个珍品。有一时好奇心的人，当满足了好奇心，就会弃之如敝屣。用所有东西来换的人会在失去之后无比痛苦，甚至做出一些极端的事。有条件珍藏并保养的人会非常珍惜，用很长的时间来保养、爱护它。这就类似于青春期的情感，非常脆弱、盲目、冲动。要想有一个好的结局，需要时间去沉淀和思考。

花的季节，总会让人不由得追求一种浪漫、温馨的格调，朦胧的灯光下欣赏着朦胧的诗篇，在不知不觉中我们已经走入了这个朦胧而美丽的年龄，这既是人生路上的黄金时期，也是事故多发地段。青春有很多种可能和无限的希望，就看你怎么界定和描绘自己的青春。如果你是一个有追求、有梦想的人，请向着你的梦想前进，不要被一时的美景耽误了行进的脚步。

练习与拓展

一、想一想

许多同学都有自己欣赏的明星，可能是演员、歌手、运动员、科学家、作家、企业家等。你心目中的偶像是谁？喜欢他的原因是什么？他的哪些故事打动了你？你从他身上学到了哪些优点？

我心中的偶像	喜欢他的原因	值得学习的优点

二、做一做

小智满怀信心地向小丽表白,小丽拒绝了,觉得做朋友更好。小智被拒绝后非常痛苦,觉得被拒绝是对自己的否定。

一个人被拒绝后可能有不同的想法,不同的想法会导致不同的情绪:

事件	伤心	自卑	愤怒	无所谓	……
被拒绝	哎,喜欢她那么久竟然拒绝我了,真伤心	我什么都不行,我太差劲了,肯定是因为我学习不好,长得又难看,个头又矮	白喜欢她那么久,竟然拒绝我,等着吧,我得不到别人也休想得到	不喜欢就不喜欢吧,萝卜白菜各有所爱	……

面对表白被拒绝的情景,你有怎样的想法?如果你是小智的朋友,针对以上出现的一些消极想法和情绪,你会对小智说些什么呢?

※ 每个人都有自己喜欢的类型,拒绝你不代表你不值得被爱或者不优秀,不要因此而怀疑自己。

※ 任何人都有权利选择拒绝,一个人被拒绝后无论多么痛苦都不能将此做为伤害他人的理由,否则触犯法律就要为自己的冲动付出代价。

※ _____

※ _____

※ _____

失落的一角

　　它缺了一角，很不快乐。它唱着这样一首歌：我要去找失落的一角，去找我那失落的一角。因为缺了一角，它滚动得很慢，会停下来跟小虫说说话，或闻闻花香。有时它还和甲虫比赛奔跑。最愉快的就是蝴蝶停在头上。有一天，它遇到了非常合适的一角。总算找到啦！因为不再缺少什么，它滚动得越来越快，从来没有这么快。快得不能跟小虫说说话，也不能闻闻花香，快得蝴蝶不能落脚。但它可以唱歌呀，它总算可以唱：我找到了我失落的一角。它开口了：呜呜呜……天啊，它现在什么也不缺，却再也不能唱歌了。它停下来，轻轻把那一角放下，从容地走开。它放声歌唱：喔，我要去找失落的一角，啊哈，上路啦！

　　这是关于缺憾和满足的寓言。当你以为拥有了完美，却猛然发现曾经的幸福悄然逝去。

真实可触的缺憾

你可曾抱怨过自己的身高、体形或外貌吗？随着年龄的增长，接触的人越来越多，你是否总是觉得别人才华横溢、光芒四射，而自己却木讷愚钝、一无所长呢？

举例来说，有的同学上体育课总是站在队伍末尾，甚至和同学说话都不免悄悄踮起脚尖；有的同学很少说起自己的家庭，当看见其他同学被父母嘘寒问暖时，既羡慕又委屈；有的同学看见别人在公众场合收放自如、大放异彩，自己却只能默默坐在一旁，尴尬不已……

一位同学自述道："我对自己的外貌感到非常苦恼。我和父母一样矮小，还长着一张'悲剧'的脸，鼻子特别大，眼睛特别小，该大不大，该小不小。我总是尽可能地避免自己和别人近距离接触，我甚至觉得同学们会私下议论我。我曾经怨过父母，怨过老天，但我能怎么办？"

另一位同学自述道："我小时候特别害怕当众说话，甚至受了委屈也不会解释。我上幼儿园时，保育老师都要在午睡后为我们梳头。一天，不知是谁不小心弄断了梳子，为了找到'肇事者'，保育老师将梳过头和没梳头的孩子们分开排列。由于我是短发，不梳也很整齐，保育老师毫不犹豫地把我赶入了嫌疑人的队伍。我甚至不敢向她解释……现在我还害怕上课被提问，我多么希望自己口齿伶俐、能说会道呀。"

以上情境，你是否觉得很熟悉？是呀，这些都是发生在同学们身边真

真切切的故事。类似的缺憾让我们对自己不够满意，觉得自己不如别人，使我们处于尴尬、不舒服的感受中，有时甚至对别人的话特别敏感。

自卑感的起源及表现

世上本不存在完美的人与事，大多数人都有不为人知的缺憾，就好像寓言故事中那缺失的一角。只不过，不同的人失落的一角各不相同而已。

这就不得不提心理学上常说的自卑感了。心理学家阿德勒认为，在某些方面，人类的确是地球上最弱小的生物，我们没有狮子和猩猩的力量，许多动物比我们更适宜单独面对各种困难……人类的幼儿极为软弱，需要得到多年的保护和照看，而每个人都是从这种弱小的状态中走过来的，所以人类普遍都有某种程度的自卑。

可能有同学会觉得自己从来都没有自卑过。甚至有同学会说，恰恰相反，我觉得自己比周围人都要更优秀呢。这又是为什么呢？其实，这里涉及不同人的自卑表现方式：

有人将某一方面的落后或不足放大到整个生活中，觉得自己"事事不如人"，大脑中所有关于"奋斗""超越""我行"的词语都会消失。其实，他可能只是学习成绩不够理想，但他却全然看不见自己杰出的动手能力和敏锐的观察能力。他开始变得自我封闭，不参加任何活动，也不愿意和他人交流。

有人接受不了自己在某方面比别人差，就以一种夸张的补偿行为掩饰和保护自己。例如，一个外在表现高傲的人，也许内心想的是：不这么做的话，别人很可能会忽视我；一个炫耀财富的人可能是在掩盖某种自卑。如果某人因为自己考试名次不错而反复提示大家关注此事的话，我们大致能判断他对自己的学业表现不够有把握，甚至可能是没有信心。

有人感到自己在某方面不足，因而变得更加努力。因为内心的自卑感，意识到自己需要为将来做准备，所以变得更加努力和进步。这时自卑不仅不是负累，反而成为完善自我的动力。我们可以看见很多开朗却不失稳重、果敢却不乏谦虚的人，他们对待生活的态度是自信而从容的。

如何面对自己的缺憾

总是在意自己不够完美，羡慕别人光芒四射，不论是"事事不如人"，还是过度补偿引起关注，都会给自己增添许多烦恼。倘若我们能正确面对自己某方面的缺憾，甩开包袱，将它变成完善自我的动力，那将是一种了不起的进步。

有一位同学脸上长了一块较明显的胎记，可他却一点儿也不在意。他自信地站在讲台上，面对几千名师生，侃侃而谈，动情演讲。和他要好的一个同学不明白他为什么那么自信，于是悄悄地问他："你有没有在意你脸上的胎记？"

他说："只有你自己在意它，它才会影响到你。小时候，爷爷曾对我说，每个人都很特别，或许这个胎记恰是我和别人不同的地方。更为重要的是，它并不影响我的美丽。"

这个回答令他的同学深受感动，相信也会让我们内心泛起涟漪。面对自己在容貌上的缺憾，这位同学思考之深入、胸怀之宽广，令人称赞。那么，我们又该怎样面对自己的缺憾、树立自信呢？

1. 接纳

外在的相貌是很难改变的，与其挣扎在自卑的旋涡中久久不能自拔，不如试着接纳它。

身体发肤受之父母，种种与生俱来的生命印记，都延续着世上最永恒的血脉亲情，它总能让我们的内心充盈着感动。仔细看看你的全家福，你会发现自己与家人长得很像。

有句话说得特别好：外貌没有缺点，而只有特点，我们注定会因为自己的特别而被人记住。你看，葛优的小眼睛、成龙的大鼻子，还有前文那位同学的胎记，不恰恰是自己与众不同的地方吗？

曹青菀3岁时就被诊断为重度耳聋，然而，就是这个在外人看来永远都不可能说话的女孩，如今却站在了《超级演说家》的舞台上。

她说："上小学的第一天，因为戴着助听器被同学们指指点点，他们笑，我也笑。他们是偷偷地笑，我是不得不笑，我就觉得自己好像是个丑小鸭。就在我即将走入低谷的时候，妈妈对我说：'如果有人问起你耳朵上戴的是什么，就告诉他们是助听器。就像眼睛看不清了，我们要戴眼镜一样，那听不清了就戴助听器呀，大大方方告诉他们。'当时就是这一席话，让我明白了原来解除内心的枷锁是这么容易，原来快乐可以来得这么简单。这些年，我已经不把听不见当成一种困惑，也并不觉得自己和别人有什么不一样……面对现实，勇敢地接受自己，这是一种勇气，更是一种心态。妈妈教会我把助听器看作眼镜，于是我便不再难过；初恋教会我把不能拥有的浪漫看作一种与众不同，于是我便不再痛苦……"在舞台上，曹青菀绽放着属于她的美丽，彰显着值得我们学习的胸怀和勇气。

许多人都有缺憾，甚至有人说，没有缺憾的生命是不完美的。正是因为缺憾，才让我们变得与众不同。正是因为与众不同，才让我们体会到不一样的人生。当我们给自己、给别人一个微笑，会使自己释然，也会得到对方的尊重。

2. 弥补

虽然外在的相貌不可改变，但我们不能自暴自弃、破罐子破摔。相反，我们只要好好打理自己，保持干净整洁，依然可以给人以清新自然的美感。比如，理个利落的发型，穿大方得体的衣服，或者像"胎记男孩"一样，面对几千名师生侃侃而谈，用动情的演讲展现自己的气质和风采，给人以朝气蓬勃的印象。

我们还可以从不利中找到有利的因素，消除消极影响。比如，你可以向篮球明星阿伦·艾弗森学习，虽没有傲人的身高，但依然可以利用自己的灵巧，拼命练好运球，当一个同样够酷的控球后卫！

3. 转化

再美的容颜也无法阻挡岁月的流逝，而内心的美，却将随着岁月的积淀而凸显光华。

在一个选秀节目中，47岁的苏珊上了台。当一个衣着寒酸、其貌不扬的大妈亮相时，大家都笑了，准备看她出丑。然而就在苏珊开口的一刹那，所有人都惊呆了！她的声音是那么圆润、空灵，顿时掌声雷动。

廖智，在汶川地震中失去双腿的女孩，依然用自己最热爱的方式"舞出我人生"！看到她戴着假肢跳跃时，观众震撼了。多舛的命运并没有动摇她坚韧的信念。

苏珊和廖智的魅力与容貌无关，产生的影响却远胜于容貌。一个人坚守梦想，并为梦想竭尽全力时，就会忘记自己的缺憾，显出最美的一面。同学们也可以在不同的方面展示自己，或用善良和坚韧填补不足，或用知识和一技之长获得提升。这样你依然可以光彩照人！

综合以上三点，面对缺憾，最好的心态就是自我悦纳！

同学们正处于生理与心理发生巨变的青春期，大家都很在意自己的外貌，这点可以理解。不过，这里要提示一点，大家首先得分清楚，自己的缺憾到底能不能改变。如果是营养摄入不当引起的体形变化，你可以通过均衡膳食、积极锻炼来调节；如果是青春期发育引起的体形变化，那你更应该放宽心：一是这代表你长大了，二是随着年龄的增长，大家的身体会日趋协调。

除了容貌，生活中还有一些缺憾是不可改变的，有时候让我们很困扰：

小雨的父母在她很小的时候就离婚了，她是妈妈一人带大的。每每看到别人谈起自己爸爸时的那种幸福，小雨心里就很难受。她总觉得自己和别人不一样，平时郁郁寡欢，学习成绩也下降了。后来，在心理老师的辅导下，她通过接纳、弥补、转化改变了自己的认识，心情愉快了，学习成绩也提高了。她是怎么做的呢？

● 接纳

A. 从心底接纳父母离婚的事实，放宽心，大人的感情我不了解也无法改变。

B. 父母勉强生活在一起，只会带来无休止的争吵。分开也许会有更适合他们的选择，也许会有更利于我的成长环境。

C. 离婚说明爸妈不适合在一起生活，但他们俩都还是爱我的。

D. 就算爸爸不在身边，我还有妈妈，我依然可以好好地生活。

E. 每个人都有不为人知的困境，我过得还可以。

F. 自己并没有和别人不同，我们比的不是父母和家庭。

● 弥补

A. 想爸爸了，可以主动约爸爸出来一起聊天、吃饭。

B. 妈妈很不容易，多理解她，帮她做力所能及的事情，好好孝顺她。

C. 不因家庭的特殊而孤立自己，应当多和同学、朋友一起玩儿。

D. 多接触成熟、自信、有责任感的成年人，弥补性别榜样缺失的影响，让自己的个性得以健康发展。

● 转化

生活关闭了一扇门，一定会为我打开一扇窗。这种经历让我从小就学会了坚强、独立，使我更会照顾人，更懂得珍惜身边的一切。因此，我可以在其他方面表现得更出色，让自己生活得更幸福，以回报妈妈的含辛茹苦。

下面和大家分享一首诗歌。

蒲公英的梦

曹青菀

妈妈说，
蒲公英是世界上最美丽的植物。
它没有华丽妖娆的外表，
却有着无数炙热的种子，
向四周慷慨地洒下耀眼的光芒。
我想化作一株蒲公英——
一株自信的蒲公英，
即使在不显眼的土地上成长，
我也要比任何植物出落得端庄。
我不是花，
也并不像草，
但我要在那些惊讶的神情中尽情飞翔。

你曾悄悄地告诉我，
在风中起舞，是你最大的梦想。
微风中，我纵使泪眼蒙眬，
却把你挥向空中。

我曾看到，您在深夜为我伤心哭泣。
我决定即使永远活在无声的世界，
也要面对困难，冲风破浪，
面对质疑，坦坦荡荡。

同学们，读了这首诗歌之后有什么感想呢？因为缺憾，所以真实；因为不完美，所以与众不同。我们与其为自己的缺憾而嗟叹神伤，不如做一株自信的蒲公英，即使在不显眼的土地上成长，也要展现独有的端庄，播撒炙热的种子！

学着敞开胸怀吧，去接受那些不可改变的事实，比如与生俱来的生理特点，自己成长的家庭环境，所欠缺的艺术、运动等特殊天赋。这些我们无从选择，但我们可以选择自己的态度！同时，我们还需要有勇气去改变可以改变的，试着弥补缺憾，并将它转化成自己奋斗的力量。

练习与拓展

一、想一想

我们已经了解了面对缺憾的三种方法——接纳、弥补、转化。你能试着当一回心理老师，帮下面的同学出出主意吗？

1. 皓哲的父母都是普通工人，文化水平不高，辅导不了他的功课。家里的经济也不宽裕，没有车接车送，没有大房子住，就连学习的地方都堆满了零乱的杂物，看着闹心。皓哲特别希望自己能有一个独立的书房……家境的困难使他接触到的东西很有限，有时候同学交流，他都插不上话。为此，他很不开心。

（1）接纳

_____

_____

_____

（2）弥补

_____

_____

_____

（3）转化

_____

_____

_____

2. 从小到大，月月都没什么突出的地方。在很多人眼里，她是一个反应不够灵敏的人。上课的时候，她总希望老师讲得慢一些，因为她很难一遍就跟上老师的思路。月月很羡慕那些一点就通、思维活跃、能说会道的同学。

（1）接纳

_____

_____

_____

（2）弥补

（3）转化

3.昕睿的学习成绩很优秀。然而,他觉得自己在文艺和体育方面都不行。他看到有的同学在艺术节上引吭高歌、备受瞩目就十分羡慕,他非常希望自己也有一副好嗓子;他看到有的同学在运动场上身手矫健、英姿飒爽,他也很向往,觉得自己要是一名体育健将该多好啊!

（1）接纳

（2）弥补

（3）转化

二、忆一忆

在你的人生当中,是否也有过令你感到尴尬、不舒服、敏感、沮丧的缺憾?请你将它认认真真地写下来,并尝试用现在学到的方法重新认识它。

我内心的小秘密:

我可以这样想,这样做:

三、做一做

1. 大自然是最伟大的发明家、最有智慧的哲学家。不信?你看到过完全相同的两片树叶吗?你会觉得某一片树叶比另一片树叶更高贵吗?那么作为万物灵长的人类,每个人也都是独一无二的,不必因为自己和别人不一样而感到自卑,也不必因为别人和自己不一样而放弃自己。通过努力,每个人都可以做最好的自己。

既然如此,就让我们带着一颗敬畏的心,去制作属于自己的绿叶档案吧!

采集一片树叶，仔细观察，然后准确地描绘这片叶子，比如它的大小、颜色、柄的长短、叶脉的纹路、有无虫蚀的缺口或被风撕裂的残缺等。最后记下这些描述和采集的时间。

保存好你的绿叶档案，当你因为自己同别人不一样而深深沮丧的时候，看看这片属于你的独特的叶子。

2. 也许你对自己已经开始慢慢地接纳，但你还需要一些能量。我们来做一个体验活动吧。

请拿出纸和笔，想象你正观看一台精彩的演出，台上是你最喜爱的演员。当演出结束，演员向你走来时，你无比激动，拼命地鼓掌。请估计一下，用你最大的力气、最快的速度鼓掌，一分钟能鼓掌多少下。

请不要过多思索，把跃入脑海的第一个数字写在纸的左上角。接着请将双手分开3~5厘米，然后以最快的速度鼓掌，并记数。为了节省时间，你只用演练10秒钟。请你把这10秒的鼓掌次数乘6，就能知道一分钟的鼓掌次数啦。把它写在纸的正中央。两个数字一对比，你有什么发现？是否有点不可思议呢？你实际做到的可能会是估计值的好几倍呢！

虽说鼓掌没有什么技术难度，但我们还是会估计不准。莫非生活中我们经常这样低估自己？也许，很多事情并非我们做不到，而是我们找了种种不做的理由。或许，当你敢于尝试、尽力做时，你会把自己的潜力发挥到极致。关键就在于你是否竭尽全力！

如果你对自己要求很高，那你身体里的一整套"程序"就会殚精竭虑地为此努力，将你的身心状态调整到最好。倘若三心二意，没准这整套"程序"真的就懈怠了。

在往后的日子里，如果灰心失望了，请你重温一下这张纸，看看你写在左上角的数字，再看看你写在纸中央的数字，给自己打打气吧！

真我的风采

有一个人,他的长相、性格、爱好、经历、梦想……都是独一无二的,他一直在陪伴你成长,还将与你终身相伴相随,同走生涯之路,在此之前,你未必真的认识他。然而,从今天开始,你就会明白,要想走好人生之路,你必须好好认识他。这个人就是你。

客观认识自己的重要性

中国有句古话:人贵有自知之明。可见,认识自己是非常重要的。只有充分地认识自己,才能接纳真实的自己,才能在芸芸人海中,确认自己独一无二的价值,才能在面对形形色色的评价时,保持清醒的自我判断,无论在顺境中还是逆境中,都能够积极地、客观地面对自己。

同学们，你们能对自己做出客观的描述和评价吗？让我们来看看啄木鸟的故事吧。

啄木鸟找事做

小啄木鸟到了工作的年龄，它想找一个好职业，好实现自己的价值。

经过认真观察，小啄木鸟发现百灵鸟的职业很好，百灵鸟是一位歌唱家，用自己婉转的歌声给大家带来欢乐，小啄木鸟多么羡慕啊！它也开始练习唱歌。可是，一年过去了，它的歌声还是一点儿都不动听，它非常泄气，百灵鸟对它说："当歌唱家需要一副好嗓子，你还是去尝试一下别的吧！"

小啄木鸟往前飞，遇到了大花猫，它看见大花猫捉老鼠的样子威风凛凛，羡慕极了，便开始学习捉老鼠。又一年过去了，小啄木鸟一只老鼠也没有捉到，它难过极了，觉得自己是个笨蛋，大花猫对它说："没有灵敏的胡须和灵巧的身手，是捉不到老鼠的，你还是到别处去看看吧。"

小啄木鸟难过地继续向前飞，飞了好远好远，看见了正在稻田里捉虫子的大青蛙，能成为捉虫能手也不错呀，小啄木鸟就留下来学捉虫子，学了一年，它仍是捉不住虫子。青蛙说："捉田里的虫子需要又长又柔软的舌头，你还是做别的去吧！"小啄木鸟想想自己既没有好嗓子，又没有灵敏的胡须和灵巧的身手，也没有长而柔软的舌头，真是百无一用，就非常沮丧。青蛙见状安慰它说："孩子，你首先得认清自己的特点，才能做好事情。"

小啄木鸟认真反思自己一路飞来的历程，还请教了青蛙，终于认清了自己的特点——尖锐的嘴、犀利的眼睛、稳健的爪子，这样的自己也许可以当树医，给大树捉虫。于是小啄木鸟开始了新的尝试。又一年过去了，经过无数次练习，它犀利的眼睛能很快辨别哪里有虫子，它稳健的爪子能有力地抓住树干，它的尖嘴能快速在树干上啄开一个洞，迅速掏出藏在洞里的大虫子。青蛙夸它是一个好树医，小啄木鸟说，我应该感谢您，是您让我明白了，只有认识自己，才能找到适合自己的路。

同学们，小啄木鸟曾经认为自己百无一用，对自己产生了怀疑，它这种认识错在不了解自己的独特性，盲目地跟随别人，以至于既不能正确地评价自己，又无法充分发挥自己的优势。在生活中，你有没有和它相似的心路历程？小啄木鸟的故事告诉我们，只有认清自我，才能明白自己能做什么、自己的目标是什么、如何为实现目标做准备，从而找到适合自己发展的路。然而，这个认识过程并不是一蹴而就的，我们往往要经过很多次的探索和尝试，经过无数次的反思和比较，经过很多人的反馈和帮助，甚至走过一些弯路，才能真正地认识自己。

认识自己的方法

客观地认识自己并不是一件容易的事，它需要花费不少时间去思考、去探索。下面的一些方法或许能对大家有帮助。

1. 在自我观察中认识自己

现在，请同学们想一想，在面向新班级的自我介绍中，你会如何描述自己？

我是这样的

- 我的身高：_____
- 我的体重：_____
- 我觉得我长得：_____

- 我喜欢：_____
- 我讨厌：_____
- 我最欣赏的人：_____
- 我会在什么情况下感到孤独：_____
- 我最大的财富：_____
- 我觉得我的家庭：_____
- 我以前的同学们觉得我：_____
- 和_____相比，我最大的不同：_____

你对自己的描述与反思可能包含了身高、体重等身体外貌方面，兴趣、性格、能力特点等心理特质方面，以及家庭、学校、好朋友等社会归属方面。正是这些不同方面构成了全部的你，也构成了独一无二的你。通常来说，这三个方面的内容正是一个人自我意识的主要内容，分别是对生理自我、心理自我和社会自我的认识。

生理自我是指个体对自身生理状态的认识和评价，主要包括对自己的体重、身高、身材、容貌等体貌和性别方面的认识，以及对身体的疼痛、饥饿、疲倦等感觉。生理自我是自我意识最原始的形态，生理自我的探索从1岁左右开始，在3岁左右基本成熟。

心理自我是指个体对自身心理状态的认识和评价，主要包括对自己的能力、知识、情绪、气质、性格、理想、信念、兴趣、爱好等方面的认识和评价。从青春发育期到青春后期大约10年时间，是心理自我的发展时期，自我观念渐趋成熟。

社会自我是个体对自己与周围关系的认识和评价，主要包括对自己在一定社会关系中的位置、作用及与他人关系的认识和评价。从3岁到青春期这段时期，是获得社会自我的重要时期。同学们在家庭、幼儿园、学校中游戏、学习、劳动，逐步形成各种角色观念，意识到自己在人际关系、社会关系中的作用和位置，意识到自己所承担的社会义务和享有的社会权利等。

因此，自我观察就是不断地向内观察，了解自己当前在生理自我、心理自我和社会自我方面的真实状态，了解自己与他人的不同之处，了解自己当前满意与不满意的地方各是什么，优点和缺点各有哪些，哪些是可以改变的，哪些是难以改变必须接受的。

2. 在他人评价中认识自己

微美克人的故事

微美克人是一群小木头人，他们都是木匠伊莱雕刻成的。微美克人整天只做一件事，而且每天都一样：他们互相贴贴纸。

木质光滑、漆色好的、漂亮的木头人总是被贴上星星，木质粗糙或油漆脱落的就会被贴灰点点。有才能的人当然也会被贴星星，例如，有些人可以把大木棍举过头顶或是可以跳过高高的箱子，有些人学问好，还有些人很会唱歌，大家都会给这些人贴星星。

什么都做不好的木头人，就只有得灰点点的份儿了，胖哥就是其中之一。他想要跟别人一样跳很高，却总是摔得四脚朝天。一旦他摔下来，其他人就会围过来，为他贴上灰点点。有时候，他摔下来时刷伤了身体，别人又为他贴上灰点点。然后，他为了解释他为什么会摔倒，讲了一些可笑的理由，别人又会给他再多贴一些灰点点。

不久之后，他因为灰点点太多，就不想出门了。他怕又做出什么傻事儿，那样别人就会再给他一个灰点点。其实，有些人只因为看到他身上有很多灰点点，就会跑过来再给他多加一个，根本没有其他理由。

"他本来就该被贴很多灰点点的。"大家都这么说。

"因为他不是个好木头人。"

听多了这样的话，胖哥也这么认为了。他会说："是啊，我不是个好微美克人。"他很少出门，每次出去就会跟有很多灰点点的人在一起，这样他才不会自卑。

有一天，胖哥遇到了一个名叫露西亚的微美克人，她非常与众不同，她的身上既没有星星贴纸也没有灰点点贴纸。露西亚说，她之所以这样，是受到了木匠伊莱的指点。胖哥决定去见伊莱。他来到那间大大的工作室，见到了一位高大的、满脸胡子的木匠，他就是伊莱。

这位微美克人的创造者告诉胖哥："只有当你在乎贴纸的时候，贴纸才贴得住，你愈是坚定地相信自己是独特的，就愈不会在意别人的贴纸。"

胖哥试着相信这句话，当他真的相信的时候，发现灰点点贴纸真的开始从他身上脱落……

同学们，你们是否被人贴过"星星"或"灰点点"？你是如何对待别人给你贴的"星星"或"灰点点"的呢？

其实，这些"灰点点"和"星星"就是别人给我们的评价。我们生活的世界和微美克人的世界有相似之处，每个人都要面对来自他人的评价，这些评价有的比较客观中肯，有的则有失偏颇，对我们造成一定的积极或消极的影响。当一个人的自我意识非常清晰并形成了一整套稳定、统一的原则、信念和评价体系以后，就相对不容易受到他人评价的左右。但这并不是说，他人的评价是完全无用的。

"不识庐山真面目，只缘身在此山中。"很多时候，我们需要借助别人的评价来认识自己，他人的反馈是我们认识自我的重要途径之一。只是每个人看事情的角度不同，不同的人对我们的评价会有差异，甚至同一个人做出的评价也会随着时间、情境的不同而发生变化。因此，我们对他人的评价不能盲目相信或质疑，而是要进行认真的辨析、甄别，并多方收集客观证据，作出基于事实的客观判断。如何应对他人的评价可参看下表：

评价类型	评价的特点	适当的反应
有效的评价	包含足够的信息，能够恰如其分地表明个体确实存在某种不足之处，如"你的作业有些潦草""你刚才的言行不太礼貌"等	对不足进行修正，改正自己的缺点
无效的评价	个体的某种行为表现并不像评判者宣称的那样有许多不足之处，很明显，评判者并没有完全理解你的行为，如"我不明白你为什么会这样？"	提高解释自己想法和表达行为的能力，避免将来继续出现误解的现象
评判式评价	他人给出了负面的反馈，但并没有足够的信息指明这种负面的反馈究竟是有效还是无效，如"你太胆小"或"你太武断"	追问评判者更多的具体信息，从中领悟出这种评价的有效性
恶意的评价	评判者出于自身原因只是在恶言相向，如"你真笨""你脑子有病"	不必理会，坚持自己的想法

3. 在和他人的互动中认识自己

"你为什么整天都趴在窝里不出来呢？"快乐的小松鼠站在小刺猬的洞口呼唤它矜持的邻居。

"因为我害怕看到别人！"里面传来小刺猬细微的声音。

"那有什么好怕的，它们都很友好，而且都希望和你成为朋友！"小松鼠劝慰地说。

"我知道，但是我长得很难看，而且浑身长满了刺，你们会喜欢我吗？"

"那不正好吗？你的刺可以保护我们，这是你的优点啊！"

"可我没有你那么能说会道，我能和别人聊点什么呢？"小刺猬探出了头，害羞地问。

"你的口才也很好啊，看你为自己找起借口来多能说！"小松鼠开玩笑地说，"随便说什么都行，我们俱乐部的朋友都是随便聊的。在那里你还可以享受美味，说不定大家还会推选你去保卫部任职呢！"

听了小松鼠的话，小刺猬终于走出了那一步。

在这个故事的开始，小刺猬不敢出来见人，因为它觉得自己哪里都不好，担心别人会不喜欢自己，和小松鼠的互动让它鼓起了勇气。这样的故事在你的周围发生过吗？你有没有过自己不了解自己，别人好像更了解你的体验呢？一起来看看我们心中的"乔哈里窗"。

心理学家提出的"乔哈里窗"模式，也被称为"自我意识的发现——反馈模型"。在这里，"窗"是指一个人的内心就像一扇窗，乔哈里窗展示了关于自我认知、行为举止和他人对自己的认知之间在有意识或无意识的前提下形成的差异，并由此分割为四个范畴：开放我、盲目我、隐藏我和未知我。

开放我——自己知道，别人也知道的"我"。这是自我最基本的信息，也是了解自我、评价自我的基本依据。开放我的区域大小与自我的内心开放程度、自信与否、性格倾向等有关。通常来说，与内向的人相比，外向的人开放我的区域更大一些。

盲目我——自己不知道但别人知道的"我"。如你的某些处事方式、别人对你的感受，也包括你已经表现出来、被人发觉却不自知的能力、偏好等。盲目我区域的大小与自我观察、自我反省的能力有关。另外，熟悉你并指出对你的一些看法的人，往往也是关爱、欣赏、信任你的人（当然也可能是最挑剔你的人）。

隐藏我——自己知道但别人不知道的"我"。如你的秘密、希望、心愿、好恶等。适度的内敛和自我隐藏，给自我保留一个私密的心灵空间，是正常的心理需要。没有任何隐私的人，就像住在透明房间里，缺乏自在感与安全感；但是隐藏的自我太多，开放的自我太少，如同筑起一座封闭的心灵城堡，也就无法与外界进行真实有效的交流与互动。

未知我——自己不知道，别人也不知道的"我"。这是个未知的领域，仿佛隐藏在海水下的冰山。随着对未知区域的探索和开发，能更全面而深入地认识自我、激励自我、发展自我、超越自我。

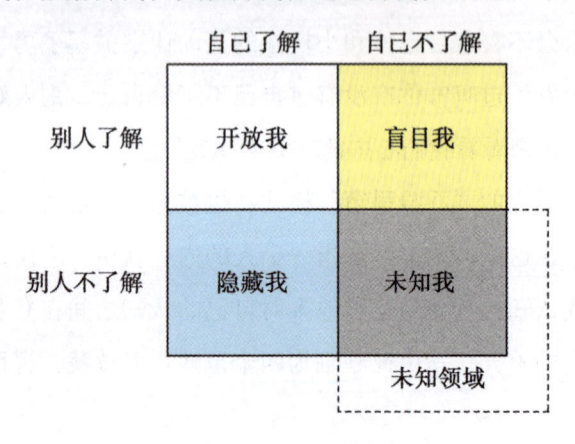

	自己了解	自己不了解
别人了解	开放我	盲目我
别人不了解	隐藏我	未知我

未知领域

"乔哈里窗"示意图

如何才能让自己保持开放、协调、充满活力的心理状态呢？

上文中小松鼠与小刺猬的故事启发我们：勇于向他人寻求反馈，认真分析他人对我们的评价，就有助于缩小盲目我，让我们更加自信。那么对于探索隐藏我和未知我，我们可以做些什么呢？一起再来读两个故事吧！

有两个四五岁的孩子看到卧室的窗户整天都是紧闭的，他们认为屋里太暗了，十分渴望卧室也有灿烂的阳光。

兄弟俩就商量着去外面收集一点儿阳光进来。于是，兄弟两人拿着扫帚和簸箕，到阳台上去扫光。等到他们把簸箕搬到房间的时候，里面的阳光就没有了。这样一而再，再而三地扫了许多次，屋里还是一点儿阳光都没有。

在厨房忙碌的妈妈看见他们奇怪的举动，问他们在做什么，他们回答说房间太暗了，他们要扫点阳光进来。妈妈笑道："只要把窗户打开，阳光自然会进来，何必去扫呢？"

如果一个人隐藏我的部分较多，就应当适当地自我表露，打开紧闭的心灵之窗，让阳光照进来。

一个人在高山之巅的鹰巢里捉到了一只雏鹰，他把雏鹰带回家养在鸡笼里。由于这只鹰每天和鸡一起啄食、散步、嬉戏、休息，因此它一直以为自己是一只鸡。渐渐地，这只鹰长大了，主人很想把它训练成猎鹰。可是它终日和鸡待在一起，根本没有想飞的欲望。主人试了许多办法，却一点儿效果都没有，无奈之下，只好把它带到山崖顶上，将它扔了出去。这只鹰像石头块一样掉了下去，在慌乱中，它拼命地扑打翅膀，就这样它居然飞了起来！这时它才成为一只真正的鹰。

受这个故事的启发，我们对未知我，应当勇于尝试，说不定会有惊喜哦！

总的来说，要想全面地了解自己，对自己有一个比较准确的定位，就要学会恰当地表达自己的情感、思想、意见，敢于展示自己的才华，相对地扩大开放我，缩小隐藏我；要敢于寻求别人的反馈，在别人对自己的态度与评价中客观地认识自我，缩小盲目我；要敢于尝试各种活动，通过行动取得大大小小的成绩，不断发掘自己的潜力，缩小未知我。阅读好的书籍就如同与智者对话，可从中不断汲取精华，从而对照和反思自己的学习生活，使自己的综合素养不断提高，成为更好的自己。

亲爱的同学们，人生的成长永远没有终点，对于自我的认识也将一直在路上。然而这不是我们的最终目的，比这更重要的是完善自己。在自我认识和改变的过程中，我们的生命会因为每一次向好的方面改变而越来越意义非凡，绽放出真我的风采。

练习与拓展

一、做一做

准备好一支笔，完成自我描述与分析（见下图）。你也可以自己设计一张图表，描绘一个完整的自己。一个对自己有恰当认识的人应当可以从容且不重复地完成不下 10 条关于"我是一个……的人"的描述。

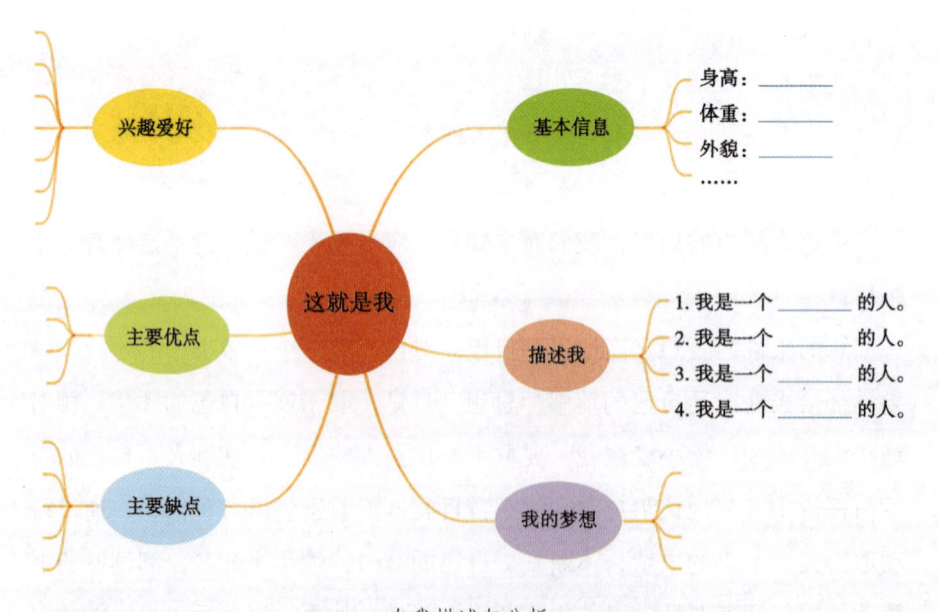

自我描述与分析

完成之后，你可以尝试从以下几个方面对自我描述进行分析。

（1）看看自己回答的速度和数量。速度过快、过慢或数量过少都可能是自我认识深度不够的表现。

（2）这些描述是表面性的句子多还是深入分析的句子多？如果多是浮于表面的描述则表示对自己的认识不够深入或者有所隐瞒，不愿意让别人了解自己的内在世界。

（3）这些描述是积极正面的评价多还是消极负面的评价多？自信和自我接纳程度较高的人积极正面的自我评价较多。

（4）这些描述是正面、负面的评价都有还是只有一种？由此可看出对自我的认识是全面的还是片面的，是客观的还是过度自负的或是过度自卑的。

（5）是否有很多自相矛盾或者相反的评价？如果自相矛盾的评价较多，则反映自我统一性较弱、内心冲突较多。

（6）对自我描述的主题是集中还是较为分散？集中的主题通常反映了你最近一段时间关注的焦点。

（7）写出你理想中的自我，并找出理想自我与现实自我的差距，想一想可以从哪些地方入手缩小差距。

（8）请你的朋友、家人或者你信任的其他人写出对你的评价，与自我评价进行对照，找出"他人眼中的我"与"自己眼中的我"的差距，分析原因，并思考它带给你的启发。

二、想一想

自我完善计划

与他人相比，我独特的地方：

我目前的好习惯：

这些好习惯有利于我成为一个怎样的人？

我的这些不足是可以通过自己的努力而改变的：

我最想改变的不良习惯是：

改掉这个不良习惯对我成为一个_____的人最关键。

我打算做出的行动是：

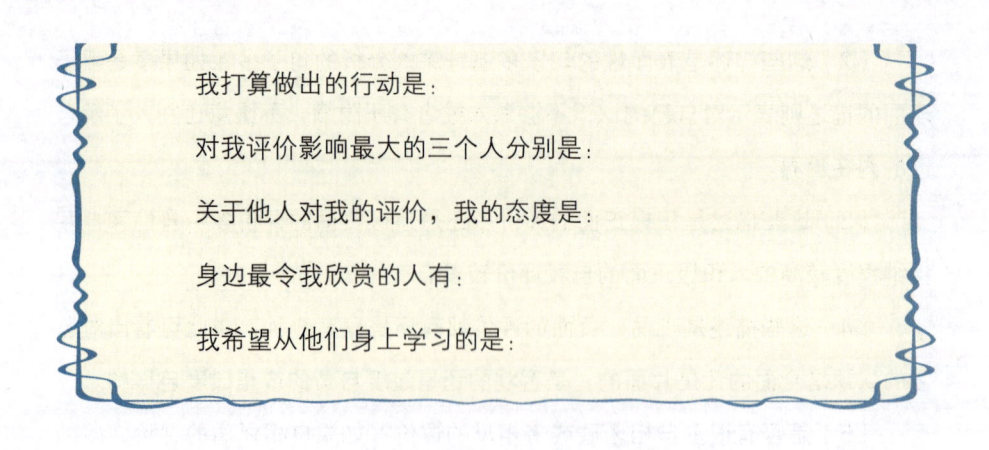

对我评价影响最大的三个人分别是：

关于他人对我的评价，我的态度是：

身边最令我欣赏的人有：

我希望从他们身上学习的是：

三、测一测

每个人对自己的认识，很难保持客观、准确、全面。通常我们不是高估了自己对某事的把握，就是低估了自己的能力，下面这个测试有助于我们观察自己对自己的判断误差。

题目	选项	
1. 你每天照镜子达到3次以上	A. 是	B. 否
2. 你基本不在乎别人对你的看法	A. 是	B. 否
3. 你觉得有时候你自己也不了解自己	A. 是	B. 否
4. 你很留意自己的心情变化	A. 是	B. 否
5. 你常把自己与他人进行比较	A. 是	B. 否
6. 你常常在晚上反思自己一天的行动	A. 是	B. 否
7. 做错一件事情后，你常弄不明白当时自己为什么要那样做	A. 是	B. 否
8. 你比较注意自己的外表	A. 是	B. 否
9. 你做事情的随意性很大	A. 是	B. 否
10. 在做出一个决定时，你通常清楚这样做的理由	A. 是	B. 否
11. 你努力揣摩别人的想法，并努力按别人的意愿去做	A. 是	B. 否
12. 你总是穿着得体	A. 是	B. 否

（续表）

题目	选项	
13. 你不清楚自己是脾气比较好还是脾气比较坏的人	A. 是	B. 否
14. 你弄不清自己的能力是比其他人弱还是强	A. 是	B. 否
15. 你对自己将成为怎样的一个人不太有把握	A. 是	B. 否
16. 你总担心自己不能给其他人留下好印象	A. 是	B. 否
17. 你对自己的举止有自知之明	A. 是	B. 否
18. 你在遭遇挫折后，总是对自己的行为进行反思	A. 是	B. 否
19. 你常常因控制不住自己而发火	A. 是	B. 否
20. 有时，你自己也不知道自己为什么而沮丧	A. 是	B. 否
21. 考试前你无法预测自己是否能过关	A. 是	B. 否
22. 很多事情你答应下来后才发现无法顺利完成	A. 是	B. 否
23. 当遇到不快时，你总是设法使自己从低沉的情绪中摆脱出来	A. 是	B. 否
24. 考试完毕后，你也不清楚自己能得多少分	A. 是	B. 否
25. 你总是觉得自己的目标很明确	A. 是	B. 否
26. 你相信自己能给别人留下一个好印象	A. 是	B. 否
27. 你常常感到莫名的烦躁	A. 是	B. 否
28. 你不知道自己与谁能谈得来	A. 是	B. 否
29. 你很清楚自己的长处与短处	A. 是	B. 否
30. 一般而言，你很清楚自己想要的是什么	A. 是	B. 否

评分标准：第 4、5、6、8、10、12、17、18、23、25、26、29、30 题，回答"是"记 0 分，回答"否"记 1 分。其余各题，回答"是"记 1 分，回答"否"记 0 分。

分析：加起来的分数越低，表明你对自己的认识越清晰。

9 分及以下：说明你对自己认识清晰，你能跳出自身局限去认识事物，常常令自己远离错误。

10~19分：说明你对自己的认识尚可，但不够稳定。朋友的鼓励和提醒对你相当重要。

20分以上：你对自己的自我认识较不清晰，需要通过自我反思、与他人交流等多种途径加深对自己的了解和认识。

（资料来源："认识自我与潜力发掘"，载《跨世纪（时文博览）》2008年第13期）

参考文献

[1] 约翰·桑特洛克. 青少年心理学 [M]. 寇彧，等，译. 第 11 版. 北京：人民邮电出版社，2013.

[2] 林崇德. 中学生心理学 [M]. 北京：中国轻工业出版社，2013.

[3] 杰罗姆·卡根. 气质天性 解开与生俱来的人格密码 [M]. 张登浩，罗琴，译. 北京：中国轻工业出版社，2011.

[4] 卡梅尔·惠特尼. 麦克阿瑟 [M]. 王泳生，编译. 北京：京华出版社，2008.

[5] 邵逸飞. 性格识人 CSMP 四型性格读心术 [M]. 北京：中国财政经济出版社，2014.

[6] 斯蒂芬·P. 罗宾斯，蒂莫西·A. 贾奇. 组织行为学 [M]. 孙健敏，李原，黄小勇，译. 第 14 版. 北京：中国人民大学出版社，2012.

[7] 齐建芳. 学科教育心理学 [M]. 北京：北京师范大学出版社，2012.

[8] 林崇德. 发展心理学 [M]. 北京：人民教育出版社，1995.

[9] 彭聃龄. 普通心理学 [M]. 北京：北京师范大学出版社，1988.

[10] 菲尔图. 意志力是训练出来的 [M]. 长沙：湖南文艺出版社，2013.

[11] 弗兰克·哈多克. 意志力训练手册 [M]. 高潮，译. 北京：中国发展出版社，2005.

[12] 埃里克·H. 埃里克森. 同一性：青少年与危机 [M]. 孙名之，译. 杭州：浙江教育出版社，1998.

[14]金·盖尔·多金,菲利普·赖斯.青春期心理学:青少年的成长、发展和面临的问题[M].王晓丽,王俊,译.北京:机械工业出版社,2016.

[15]毕淑敏.我的成长我做主——青少年心灵快乐游戏10+1[M].桂林:漓江出版社,2005.

[16]张日昇.同一性与青年期同一性地位的研究——同一性地位的构成及其自我测定[J].心理科学,2000(4).